新媒体可视化科学教育丛书

实验化学 <small>（高中化学）</small>

Experimental Chemistry

主　编 / 徐奇智　孙曙辉

副主编 / 王立那　陈　锐　张蕾蕾

中国科学技术大学出版社

内 容 简 介

本书以《普通高中化学课程标准》（2017年版，2020年修订）为编写依据，以化学学科核心素养为目标，包含实验化学的发展与方法论、实验基本知识、基础性实验、研究性实验、趣味性实验5章内容，展示了化学学科的丰富内涵和独特魅力。本书的特色之处在于应用AR、3D模型、互动微件等新媒体技术，展现规范的实验操作过程与宏观的化学现象，模拟肉眼难以观察的微观结构与过程，将抽象复杂的化学知识可视化，是一本兼具科学性、探究性和趣味性的化学可视化图书。

图书在版编目（CIP）数据

实验化学 / 徐奇智，孙曙辉主编. —合肥：中国科学技术大学出版社，2022.11
（新媒体可视化科学教育丛书）
ISBN 978-7-312-05539-3

Ⅰ. 实… Ⅱ. ①徐… ②孙… Ⅲ. 化学实验 Ⅳ. O6–3

中国版本图书馆CIP数据核字(2022)第189287号

实验化学
SHIYAN HUAXUE

出版　中国科学技术大学出版社
　　　安徽省合肥市金寨路96号，230026
　　　http://press.ustc.edu.cn
　　　https://zgkxjsdxcbs.tmall.com
印刷　合肥市宏基印刷有限公司
发行　中国科学技术大学出版社
开本　787 mm × 1092 mm　1/16
印张　13.25
字数　251千
版次　2022年11月第1版
印次　2022年11月第1次印刷
定价　78.00元

编 委 会

前　言

化学是一门以实验为基础的自然科学，实验是高中化学课程的重要内容。"实验化学"课程帮助学生在学好化学必修课程的基础上，通过化学实验进一步学习化学科学的知识、技能和方法，提高化学学科核心素养。

本书将"通过实验学化学"的思想贯穿其中，按物质性质及转化的学科逻辑建构内容，共包含实验化学的发展与方法论、实验基本知识、基础性实验、研究性实验和趣味性实验5章内容，展示了化学课程的丰富内涵和独特魅力，帮助学生更深刻地认识实验在化学科学中的地位和对化学学习的重要作用，掌握基本的化学实验方法和技能，进一步体验实验探究的基本过程，提高解决综合实验问题的能力。

书中精选了43个实验活动供教师选择和学生学习。实验活动在编排上注重与高中化学必修及选择性必修模块的学习内容相衔接，在选材上注重与生产、生活实际密切联系。本书通过实验揭示化学基本原理，设置开放性实验培养学生的批判性思维；融入化学实验研究的方法，强化科学探究能力，将化学学科核心素养贯通于各章节中。内容编写遵循学生的认知发展规律，合理配置不同核心素养水平的内容比例，注重提高学生的实验探究能力，即发现问题的能力、设计实验方案的能力、收集和处理实验数据的能力、解释实验现象的能力、揭示反应规律的能力等高阶思维能力。

为了帮助学生利用有关资料更好地理解实验原理并顺利进行实验，本书在部分实验活动中还设置了"资料卡片""知识拓展""科学视野""思考与讨论""安全提示"等栏目，及时提供学习支持。

本书应用AR、3D模型、互动微件等新媒体技术，优化了知识的呈现方式，力图让学习变得更有趣、更轻松、更高效，带给学生可视化与沉浸式学习的全新体验。

本书若有不妥之处，敬请各位读者指正。

编　者

目　录

Contents

Contents

第 1 章

实验化学的
发展与方法论

从实验走进化学
实验化学发展简史
科学方法论在化学实验中的应用

1.1 从实验走进化学

化学是一门以实验为基础的自然科学，化学中的概念、定律和理论源于实验，又被实验所检验和发展。可以说没有实验就没有化学，实验是化学的灵魂所在。化学所取得的丰硕成果，是与实验的重要作用分不开的。

1.1.1 实验是人类认识物质的有力工具

实验是科学研究的方法之一，人类在认识自然、认识物质的过程中离不开实验。下面我们以空气为例，认识一下人们是如何通过实验确定其组成的。

200多年前，法国化学家拉瓦锡（图1.1）用定量的方法研究了空气的成分。如图1.2所示，他把少量汞放在密闭的容器里连续加热12天，发现有一部分银白色的液态汞变成了红色粉末，同时容器里空气的体积减少了约1/5。他研究了剩余4/5体积的气体，发现这部分气体既不能供给呼吸，也不能支持燃烧，他认为这些气体全部都是氮气（拉丁文原意是"不能维持生命"）。

拉瓦锡又把在汞表面上所生成的红色粉末收集起来，放在另一个较小的容器里再加强热，得到了汞和氧气，而且氧气的体积恰好等于密闭容器里所减少的体积。他把

图 1.1 | 拉瓦锡
（L. Lavoisier，1743—1794）

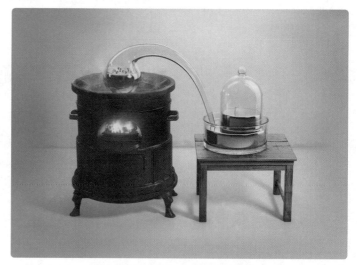

▶ 图 1.2 | 拉瓦锡实验

得到的氧气加到前一个容器里剩下的4/5体积的气体中，结果所得气体跟空气的性质完全一样。

通过这些实验，拉瓦锡得出了空气由氧气和氮气组成，其中氧气约占空气总体积1/5的结论。

在19世纪末以前，人们深信空气中仅含有氧气和氮气，直到后来在空气中发现了稀有气体。1892年，英国物理学家瑞利（图1.3）发现从空气中分离得到的氮气的密度是1.2572 g/L；而从分解氨气中得到的氮气的密度为1.2508 g/L。为什么这两种不同来源的氮气会有不同的密度？他百思不得其解，便写了一封公开求助信。英国化学家拉姆齐（图1.4）认为，这种差异可能是由空气制得的氮气中还含有密度较大的不活泼气体引起的。于是他们相约进一步开展研究。拉姆齐把镁放在前者中燃烧，使镁与氮气作用生成氮化镁（Mg_3N_2）以消除氮气，结果剩下

图 1.3 | 瑞利
（J. Rayleigh，1842—1919）

一小部分气体；瑞利用别的实验方法也证明了剩下的气体占空气总体积的1/80。通过对剩余气体进行光谱分析，终于在1894年发现空气中还存在着一种新的气体——氩气。由于氩气和许多试剂都不发生反应，极不活泼，故被命名为Argon，即"不活泼"之意。中译名为氩，化学符号为Ar。

在接下来的几年中，多位科学家利用更加精密的实验进一步探究，又陆续发现了氦、氖、氪、氙、氡等稀有气体（表1.1）。人们才认识到空气中除了氧气和氮气外，还有其他成分。

目前，人们已经能用实验方法精确地测定空气的成分。空气的成分按体积计算，大约是：氮气78%、氧气21%、稀有气体0.94%、二氧化碳0.03%、其他气体和杂质0.03%（图1.5）。

图 1.4 | 拉姆齐
（W. Ramsay，1852—1916）

表 1.1 | 稀有气体相关资料

元素符号	发现时间	光谱颜色	相对原子质量	空气中含量
He	1895年3月	亮黄色	4.002	5.239×10^{-6}
Ne	1898年6月	红色、黄色	20.18	1.818×10^{-5}
Ar	1894年8月	红色、绿色	39.39	9.34×10^{-3}
Kr	1898年5月	绿色、黄色	83.80	1.14×10^{-6}
Xe	1898年7月	蓝色	131.29	8.6×10^{-8}

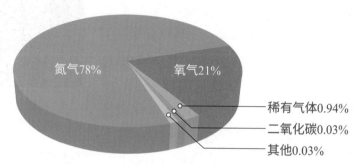

图 1.5 | 空气成分示意图

1.1.2 实验是化学的基础

化学学科形成、发展和应用的研究过程都是以实验为基础的。实验的过程就是探索和发现化学知识的过程，实验的发展推动了化学学科的发展。化学的理论、规律及应用都是通过对大量实验事实和资料进行分析、概括、综合和总结而发现的。如电离理论是化学中重要的基本理论之一，该理论对理解溶液的性质、离子的行为，建构水解、平衡等概念有重要的意义。电离理论的确立、发展和完善过程，离不开科学家大量的实验研究，其主要历程分为以下几个阶段。

1. 对溶液导电性的初期认识

1800年，意大利物理学家伏特（A. Volat，1745—1827）发明伏特电堆，同年，英国化学家尼科尔森（W. Nicholson，1753—1815）和卡里斯尔（A. Carlisle，1768—1840）最先用伏特电堆成功电解水并发现了酸、碱、盐溶液的导电性，自此拉开了关于溶液导电性研究的序幕。

图1.6 | 法拉第
（M. Faraday，1791—1867）

之后很多科学家也陆续开展了电化学和溶液理论的实验研究，并取得了不少重要成果。但是对于溶液中电解质性质的认识，当时主流的看法是只有在外界电流的作用下电解质才可能离解为带电的离子。其中英国物理学家、化学家法拉第（图1.6）于1834年在其《关于电的实验研究》一文中第一次使用"电解质""离子"等术语，他认为电流通过电解质溶液时电解质发生分解，即先通电流，后有离子。当时的科学界把这种观点视为金科玉律。

2. 电离理论的提出

1872年，法国化学家法夫尔（P. A. Favre，1813—1880）在研究溶液性质的加和性时，发现盐离解成它自身的组成部分是水溶解作用的结果。1885年，法国化学家拉乌尔（F. M. Raoult，1830—1901）在研究溶质的实验基础上，猜想电解质溶液中存在某种电离。但他们并没有提出明确的观点，缺乏足够的证据和系统的表述。

真正敢于并以无可辩驳的实验事实向旧观念提出挑战的是瑞典化学家阿伦尼乌斯（图1.7）。1887年，阿伦尼乌斯在前人实验成果及自己对电解质溶液导电性研究的基础上，明确提出了电离理论。他认为酸、碱、盐在水溶液中会自动地部分离解为带不同电荷的离子，而不需要借助电流的作用；在无限稀释的溶液中，电解质接近百分之百离解。阿伦尼乌斯的电离理论发表后遭到了许多科学家的怀疑和反对。10年后，阿伦尼乌斯的理论才被化学界广泛接受。虽然他提出的电离理论仍然不够完善，但是他的研究却可以称得上19世纪科学发展中的大总结之一。

图 1.7 | 阿伦尼乌斯
（S. A. Arrhenius，1859—1927）

阿伦尼乌斯由于提出了电离学说，于1903年荣获了诺贝尔化学奖。阿伦尼乌斯的电离理论为物理化学的发展开创了新阶段，同时也促进了整个化学的进步。

3. 水合离子理论

1929年，彼得·德拜（Peter Debye，1884—1966）在进行极性分子的有关理论研究时，提出了水合离子理论，认为电解质溶液中离子是以水合状态存在的（图1.8）。他通过测定水分子的偶极矩和介电常数来证明自己的观点。水合离子理论解释了

图1.8 | 氯化钠溶液的形成

为什么溶液中正、负离子可以稳定共存。德拜的这些研究极大地完善了电离学说，获得了普遍认可。德拜以其在发展、完善电离理论以及粉末X射线衍射方面的卓越贡献获得了1936年的诺贝尔化学奖。

1.1.3 实验是验证理论的重要手段

化学实验为我们正确认识化学科学知识提供实验事实。化学家的设想、假说、理论都要求通过科学实验或实际生活的验证。

俄国化学家门捷列夫（图1.9）在研究元素周期表时，科学地预言了11种当时未发现的元素，为它们在周期表留下了空位。例如，他认为在铝的下方有一个与铝类似的元素"类铝"，并预测这种未知元素的原子量大约为68，密度为5.9 g/cm³，性质与铝相似，他的这一预测被法国化学家布瓦博德朗证实了。

1875年，布瓦博德朗（Boisbaudran，1838—1912）在分析比里牛斯山的闪锌矿时，利用光谱仪发现了一种从未见过的光谱，他知道这意味着一种未知的元素出现了。他将新元素命名为 Gallium，元素符号为 Ga，中文名为"镓"（图1.10），以表达他对他的祖国法兰西的热

图1.9 | 门捷列夫
（D. Mendeleev，1834—1907）

爱，并公布了测得的关于镓的主要性质。门捷列夫在得知这一发现后指出：他相信镓和"类铝"是同一种物质，并认为镓的密度应该位于5.9~6.0 g/cm³ 之间，而不是布瓦博德朗发表的4.7 g/cm³。当时布瓦博德朗很疑惑，他是唯一手里掌握金属镓的人，门捷列夫怎么会知道这种金属的密度呢？

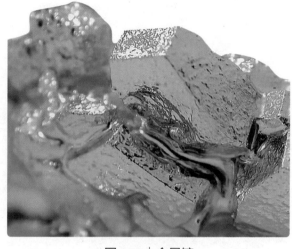

图 1.10 | 金属镓

1876年9月，布瓦博德朗带着疑问重新做了实验，将金属镓提纯，重新测定，结果镓的密度为5.94 g/cm³。这一发现使他大为惊讶，他认真地阅读了门捷列夫的周期律论文后，感慨地说："我以为没有必要再来说明门捷列夫这一理论的巨大意义了。"

在元素发现史上，镓是第一个先从理论预言，后在自然界中被发现验证的化学元素。门捷列夫还预言了钪、锗的存在和性质，1879年，瑞典乌普萨拉大学分析化学教授尼尔森（L. F. Nilson，1840—1899）发现了钪（Sc），即"类硼"。1886年，德国弗赖堡大学教授文克勒发现了锗（Ge），即"类硅"。而且它们的实际性质数据与预测数据之间惊人接近（表1.2）。在以后不到一个世纪的时间里，表上的空白就得到了填充。门捷列夫的元素周期律再次经受了实践的检验，显示出了强大的生命力和严密的科学性。

表 1.2 | 锗的实际数据与预测数据比较

	预测数据	实际数据
相对原子质量	72	72.6
密度/$g \cdot cm^{-3}$	5.5	5.32
氧化物	MO_2	GeO_2
氧化物的密度/$g \cdot cm^{-3}$	4.7	4.72
氯化物	MCl_4	$GeCl_4$
氯化物的沸点/℃	<100	84

1.2 实验化学发展简史

自从有了人类，化学便与人类结下了不解之缘。钻木取火、用火烧煮食物、烧制陶器、冶炼青铜器和铁器，都是化学技术的应用。实验作为化学研究的重要手段，经历了漫长的发展时期。

1.2.1 化学实验的萌芽

人类最早对火的使用距今已经100多万年了，火是人类最早使用的化学实验工具。从远古到公元前1500年，人类学会在熊熊的火焰中由黏土制出陶器、由矿石烧出金属，学会用谷物酿造出酒、给丝麻等织物染上颜色。这些最早的化学工艺主要是人们在实践经验的直接启发下摸索而来的，并没有任何知识基础，处于化学实验的萌芽时期。

1. 陶器

陶器（图1.11）的制造是新石器时代开始的重要标志，它的出现有其历史的必然性。在农业生产过程中人们对于黏土的黏性和可塑性有了一定的认识；再则由于长期用火经验的积累，人们对于火力的控制有了一定程度的把握，对于在火力影响下各种物质性能的变化也有了一定程度的认识。陶器的发明正是这两方面结合的必然结果。

图 1.11 | 陕西半坡出土的人面鱼纹彩陶盆

最古老的生活器皿有木制的，也有用枝条编制的。古人为了使所制作的器皿耐火、密致无缝，往往又在器皿外抹上一层湿黏土。在使用过程中，有时这些器皿的木质部分被烧掉了，黏土部分却变得很坚硬，仍可以使用。受这些现象启发，人们选用黏性适度、质地较细的黏土，用水调和，塑成各种所需的器形，晒干后烘烤，便获得最原始的陶器。制陶技术大约发明于1万年以前的新石器时代早期。

2. 冶金

在人类历史的初期，人们还不会使用金属，当时的用具都是石制、角制或骨制的。直到新石器时代后期，人类开始使用金属代替石器制造工具，其中使用最多的是红铜，但是这种天然资源非常有限，于是便产生了用矿石冶炼金属的冶金学（图1.12）。最先冶炼的是铜矿，约公元前3800年，伊朗就开始将铜矿石（孔雀石）和木炭混合在一起加热，以得到金属铜。纯铜的质地比较软，用它制造的工具和兵器的质量都不够好。在原来的基础上进行改进后，便出现了青铜器。青铜（铜、锡的合金）的发明是冶金术的一大进步。

（a）残铜片

（b）铜管

图 1.12｜中国陕西临潼姜寨出土的约公元前4900年至公元前3800年的残铜片和铜管

3. 染料

早在公元前1700年至公元前1500年，第十八王朝的埃及人就已从靛蓝植物中制取蓝色染料靛蓝，用茜根汁加金属盐来染木乃伊的包裹布；尤克里特人最早从海中软体动物身上提取二溴靛蓝；地中海沿岸部落用动物染料海螺把织物染成紫色，专门给帝王贵族制衣。这些都说明，在很早的时期人类已学会了从天然产物中提取有机物的操作。

1.2.2 早期化学实验

1. 炼丹术时期

炼丹术，是早期化学实验的典型代表。化学实验室的前身是古代炼丹术士和炼金术士的作坊。

公元前1500年至公元1650年，炼丹术士和炼金术士们，在皇宫、在教堂、在自己的家里、在深山老林的烟熏火燎中，为了得到长生不老的仙丹，为了依靠"哲人石"将普通金属点化成金银，开始了最早的化学实验。为此他们发明了蒸馏器、烧杯、冷凝器和过滤器等化学实验仪器（图1.13），以及焙烧、溶解、过滤、结晶、升华及蒸馏等实验操作方法，这些为后来许多物质的制取奠定了基础。

图 1.13 | 中国古代炼丹设备

　　有关记载炼丹术的书籍，在中国、阿拉伯、埃及、希腊都有不少。炼丹术时期积累了大量有关物质及其变化的使用知识和技能，为化学的进一步发展打下了基础。如中国著名的炼丹家葛洪在其著作《抱朴子·内篇》中写道："丹砂（硫化汞）烧之成水银，积变（把硫和水银二者放在一起）又还成（变成）丹砂。"这是一种化学变化规律的总结，即"物质之间可以用人工的方法互相转变"。

　　后来，炼丹术、炼金术几经盛衰，使人们更多地看到了它荒唐的一面。化学实验则开始在医学和冶金等一些实用工艺中发挥作用，并不断得到发展。

2. 医药化学时期

　　在医药化学时期，最具代表性的人物是瑞士的医生、医药化学家帕拉塞尔苏斯（图1.14），他被称为医药化学的始祖。

　　帕拉塞尔苏斯虽然相信炼金术，但认为它应比"炼金"具有更广泛的含义，应当包括天然原料加工以满足人类需要（如打铁和烘烤面包）的任何过程。他改革了医学，认为人体内部也是一个"炼金"（化学）过程，患病的机体需要用炼金术制取的药物来恢复平衡，进行医疗。因此，他认为，炼金术的首要目的是制取药物而不是点金，批判了炼金术的空幻目的。他和他的弟子们通过对矿物药剂的性质和疗效的研究，以及在制备新药剂

图 1.14 | 帕拉塞尔苏斯
（P. A. Paracelsus, 1493—1541）

的过程中，探讨许多无机物的分离、提纯方法，进行一些合成实验，并总结出这些物

质的性质，从而把化学和医学紧密联系起来，开创了医药化学的新时代，开始把化学引上科学发展之路。

1.2.3 近代化学实验

17~19世纪，随着欧洲资本主义生产方式的诞生和工业革命的进行，以及天文学、物理学等学科的重大突破，化学实验终于冲破了炼丹术的桎梏，走上了科学的道路。化学家波义耳和拉瓦锡为此做出了巨大的贡献。

1. 现代化学科学的确立者——波义耳

波义耳（图1.15）是近代化学科学的确立者，也是化学科学实验的重要奠基人。他认为，只有运用严密的和科学的实验方法才能够把化学确立为科学。

17世纪以前的化学知识，主要集中于炼金术、医药学和化工生产的内容。化学研究缺少独立性，是其他部分的附属物，主要是由于没有明确的研究目的。关于研究化学的目的问题，波义耳认为，化学应把元素及其化合物作为化学研究的对象，应当为自身的目的去进行研究，即研究物质的组成与化学变化。为此就需要进行专门的实验，收集所观察到的事实资料，使化学从炼金术和医药学中解放出来，发展成为一门专门探索自然界本质的科学。

图 1.15 ｜波义耳
（R. Boyle，1627—1691）

波义耳在《怀疑派化学家》一书中，强调了实验方法和对自然界的观察是科学思维的基础，提出了化学发展的科学路径。波义耳深刻地领会了培根重视科学实验的思想，他反复强调："化学，为了完成其光荣而又庄严的使命，必须抛弃古代传统的思辨方法，而像物理学那样，立足于严密的实验基础之上。"波义耳把这些新观点、新思想带进化学，解决了当时化学在理论上所面临的一系列问题，为化学的健康发展扫平了道路。如果把伽利略的《对话》作为经典物理学的开始，那么波义耳的《怀疑派化学家》可以作为近代化学的开始。

2. 定量化学实验方法论的创立者——拉瓦锡

拉瓦锡是第一位明确提出把量作为衡量尺度对化学现象进行实验证明的化学家，他把近代化学实验推进到定量研究的水平。

拉瓦锡从事化学科学研究伊始，就善于发挥天平的作用，重视对物质及其变化进行定量研究。他21岁时所做的第一个化学实验，就是测定石膏在加热和冷却过程中水分的变化。他一生做过很多定量化学实验，并依据实验事实揭示了"水变成土"以及"火粒子"学说、"燃素说"的谬误，建立了氧化学说，并确立了"质量守恒定律"。

拉瓦锡的定量实验研究，极大地丰富和发展了化学实验方法论。对物质及其变化的研究，不仅要用定性分析方法，而且还必须运用定量分析方法，只有二者有机结合，才能正确认识物质及其变化在质和量两个方面的性质和规律。

拉瓦锡的化学实验方法论思想，对化学实验从定性向定量的发展，产生了极其深远的影响，成为近代化学实验发展史上的重要里程碑。正是在此基础上，近代化学实验才得以蓬勃发展，人们创立、发展了系统定性分析法、重量分析法、滴定分析法、光谱分析法、电解法等很多经典的化学实验方法。

1.2.4 现代化学实验

19世纪末20世纪初，以电子、X射线及放射性等三大发现为标志，化学实验进入了现代发展阶段，运用X射线衍射法（图1.16）等分析方法测定了许多物质的结构。

图 1.16 | X射线衍射仪

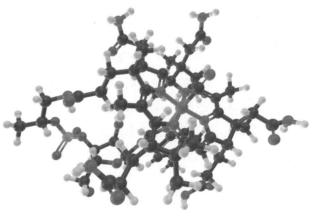

图 1.17 | 维生素B_{12}分子结构模型

英国化学家霍奇金（D. M. C. Hodgkin，1910—1994）1949年利用X射线衍射法第一次成功地测定了青霉素的结构，1957年测定了维生素B_{12}的结构（图1.17）。霍奇金因测定抗恶性贫血的生化化合物的基本结构而获得1964年诺贝尔化学奖。

1953年，美国生物学家沃森（J. D. Watson，1928—　）和英国物理学家克里克（F. Crick，1916—2004）在深入研究 DNA 晶体的X射线衍射数据的基础上（图1.18），提出了DNA分子的双螺旋结构模型。

1972年，我国科学家屠呦呦等使用乙醚从中药中提取并用柱色谱分离得到抗疟有效成分青蒿素，随后展开了对青蒿素分子结构的测定和相关医学研究。中国科学院上海有机化学研究所和中国中医研究院中药研究所等单位的科学家们通过元素分析和质谱法分析，确定青蒿素的相对分子质量为282，分子式为 $C_{15}H_{22}O_5$。经红外光谱和核磁共振谱分析，确定青蒿素分子中含有酯基、甲基等结构片段。通过化学反应证明其分子中含有过氧基（—O—O—）。1975年底，我国科学家通过X射线衍射最终测定了青蒿素的分子结构（图1.19）。

图 1.18 | DNA衍射图谱

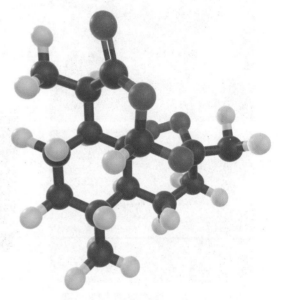

🍶 图 1.19 | 青蒿素分子结构模型

随着现代化学实验仪器、设备和方法的不断进步，人们完成了很多过去根本无法实现的实验，合成出大量结构复杂的物质。

从1940年开始，美国化学家伍德沃德（R. B. Woodward，1917—1979）与多位化学家合作，成功合成了奎宁、胆固醇、叶绿素、红霉素、维生素B_{12}等一系列结构复杂的天然产物。他因在合成复杂有机分子方面的贡献而获得了1965年诺贝尔化学奖。伍德沃德是20世纪在有机合成化学实验和理论上，取得划时代成果的有机化学家，被称为"现代有机合成之父"。

1965年，我国科学家第一次人工合成了具有生物活性的结晶牛胰岛素蛋白质（图1.20），这对揭示生命奥秘具有重要意义。1981年，我国科学家采用有机合成与酶促合成相结合的方法，人工合成了具有生物活性的核酸分子——酵母丙氨酸转移核糖核酸，在生命科学方面又一次取得了突破。

20世纪以来，尽管理论化学的研究取得了惊人的发展，数学方法等被广泛引入化学，但是理论推导和数学计算的结果是否正确，仍然需要用实验来验证。如今，实验手段逐渐向仪器化、自动化、微型化发展（图1.21），红外光谱、核磁共振和质谱等实验手段已被广泛使用。

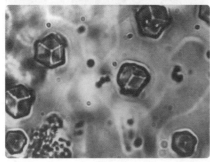

图 1.20 | 人工合成结晶牛胰岛素

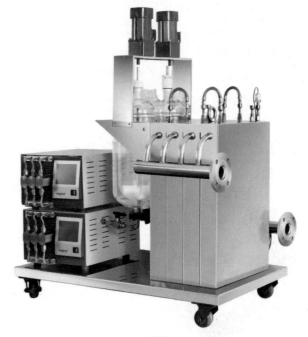

图 1.21 | 一种微通道反应器

1.3 科学方法论在化学实验中的应用

科学方法论是指关于科学研究、科学评价、科学发展的正确的一般方法。学习方法论可以改变人们的思维方式与方法，提高思维效率，是形成新的科学知识并检验证实的手段，是能够与其他人对话的科学语言。

化学实验需要在一定的理论指导下进行，该理论不仅仅是知识理论，还包括科学方法论的理论。例如实验"不同温度下 $Na_2S_2O_3$ 溶液与 H_2SO_4 反应速率"运用了控制变量的方法，实验"烯烃和炔烃均能使溴水或酸性高锰酸钾溶液褪色"归纳出了不饱和键具有不稳定性，实验"氯酸钾制氧气最佳催化剂的选择与比例的研究"中，优选法的应用使实验更高效等。

1.3.1 归纳和演绎

归纳和演绎是科学研究中运用得较为广泛的逻辑思维方法，也是人类在生活实践中最早总结和使用的科学方法。

1. 归纳

归纳的过程为"从个别到一般"。具体而言，根据事实进行概括归纳，抽象出共同点，上升为本质规律。例如，从甲烷（CH_4）、乙烷（C_2H_6）、丙烷（C_3H_8）、丁烷（C_4H_{10}）等的分子式中归纳了饱和烷烃的碳链结构，写出其通式为 C_nH_{2n+2}。

在研究含有碳碳双键和碳碳三键的不饱和烃时，大量的实验发现这类物质容易发生加成反应和氧化反应（图1.22），结构特征分析也发现不饱和键具有不稳定的性质，最后根据结构与性质的关系归纳得出这类有机物的通性。

▶ 图 1.22 | 乙炔与溴的四氯化碳溶液、酸性高锰酸钾溶液的反应

归纳法在科学进步的历史上起到了基础性的作用，但其也有局限性，它只能根据已有的现象进行总结，不能穷尽所有的事物；它是以直

观感性经验为基础的，不能揭露事情的本质。例如，当人们看到物质燃烧有火焰，就认为所有的物质燃烧都有火焰，而没认清火焰只是气体燃烧的现象。

2. 演绎

演绎的过程通常为"从一般到个别"。具体而言，它是从某个一般结论出发，向属于这一结论的多个要素进行推理的过程。例如，门捷列夫建立了元素周期表，为人们提供了元素间联系的一般理论。在元素理论的指导下，人们于1875年发现了"类铝"（镓），1879年发现了"类硼"（钪），1886年发现了"类硅"（锗）。

在研究物质溶解性的过程中，水是极性较强的分子，水分子之间存在较强的氢键，水分子既可为生成氢键提供 H，又有孤电子对接受 H。因此，从水分子的结构可以推知，凡能为生成氢键提供和接受 H 的溶质分子，极性与水相似，如 CH_3CH_2OH、CH_3COOH、NH_3 等，均可通过氢键与水结合（图1.23），在水中的溶解度较大（图1.24）。

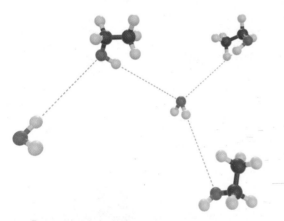

🏺 图 1.23 ｜ 乙醇分子与水分子间的氢键

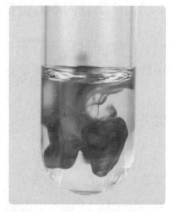

▶ 图 1.24 ｜ 乙醇溶解在水中

从科学研究的途径来看归纳和演绎的使用，一般为先归纳、后演绎。人们往往根据自己的研究目标，依据一定的理论基础，设计并进行实验；再从实验数据或现象中得出假说；通过实验或理论证明假说正确与否，使之上升为新的理论；最后运用新理论指导实验，获得新的结论。"实验—假说—理论—新实验"的过程，本质上就是从个别到一般，再到个别的过程。在演绎的指导下归纳，在归纳的基础上演绎，两者互相联系、互为前提。

1.3.2 单因素试验法

科学研究中，对于多因素的问题，常常采用只改变其中的某一个因素，控制其他因素不变的研究方法，使多因素的问题变成几个单因素的问题，分别加以研究，最后再将几个单因素问题的研究结果加以综合。这种单因素试验的方法是科学探究中常用的方法。我们经常使用的控制变量法或者受控对比法就属于单因素试验法。

单因素试验法的特点在于简单明了、易学易懂，然而也存在着一些局限性。采用这种方法的前提是假定各因素间没有交互作用，但在实际问题中，各因素相互独立的情况是极为少见的，因此当因素间的交互作用影响比较大时，得到的试验方案往往不是最佳方案组合。尽管如此，由于单因素试验法可以看到各因素的变化趋势，对研究反应规律、揭示一些内在的因素很重要，因此仍然用得很多。

例如，在合成氨反应条件的调控中，温度、压强、反应物浓度等对反应速率和平衡混合物中氨的含量均产生影响，催化剂影响反应速率且催化效果受温度的影响，这些因素之间并不相互独立（图1.25）。因此，需要分别研究各因素的最佳条件，综合得出适宜的生产条件。工业上通常采用铁触媒、在400~500 ℃ 和10~30 MPa 的条件下合成氨。

再如，在探究影响化学反应的因素时，比较不同温度对化学反应速率的影响时，控制浓度和其他影响因素相同；而比较不同浓度对化学反应速率的影响时，则控制温度和其他影响因素相同；最后综合得出影响化学反应速率的多种因素。

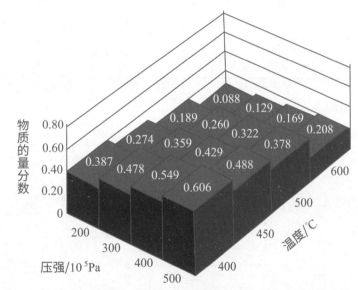

图 1.25 | 不同温度和压强下合成氨平衡体系中氨的物质的量分数

1.3.3 优选法

优选法是以数学原理为指导，合理安排试验，以尽可能少的试验次数尽快找到生产和科学实验中最优方案的科学方法。使用优选法必须满足的条件是变量具有单调性或只有一个极值，单因素优选法有平分法、分数法、黄金分割法等。

单因素优选法解决的问题是针对函数 $y = f(x)$ 在区间 (a, b) 上有单峰极大值（或极小值），通过更加有效的选点方法缩小极值点的范围。

在 (a, b) 区间内选取两点 x_1，x_2：

（1）当 $f(x_1) > f(x_2)$ 时，如图1.26所示，极大值点在 (a, x_2) 的范围内，(x_2, b) 的区间舍去。

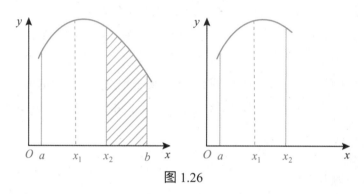

图 1.26

（2）当 $f(x_1) < f(x_2)$ 时，如图1.27所示，极大值点在 (x_1, b) 的范围内，(a, x_1) 的区间舍去。

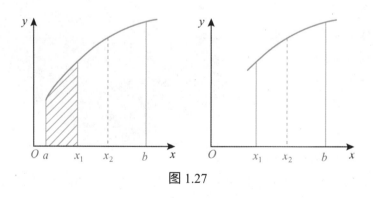

图 1.27

（3）当 $f(x_1) = f(x_2)$ 时，如图1.28所示，极大值点在 (x_1, x_2) 的范围内，(a, x_1)、(x_2, b) 的区间舍去。

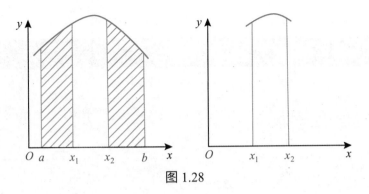

图 1.28

每次舍弃完一定的区间后，在剩余的点中需要重新找点，迭代计算。

在研究氯酸钾分解实验时，优选法就是一种比较理想的方法。例如，氯酸钾为5 g，催化剂可在0.1~5 g之间选择，按照黄金分割选择试验点，找出3.1 g（5 g×0.618）试验点做一次实验，再找出3.1 g的对称点1.9 g（3.1 g×0.618）试验点再做一次实验，比较两组实验数据，如果1.9 g更好，舍去3.1~5 g，再找到1.9 g的对称点1.2 g（1.9 g×0.618）继续进行实验，这样循环往复，就可以找到最佳量，而不必每次增加0.1 g催化剂。由于实际操作中使用0.618计算起来较为麻烦，可以使用0.6进行分割。

1.3.4 正交法

正交试验设计是研究多因素、多水平的一种设计方法，它利用一套规格化的表格，即正交表来设计试验方案和分析试验结果，能够在很多的试验条件中，选出少数几个代表性强的试验条件，并通过这几次试验的数据，找到较好的生产条件，即最优或较优的方案。

例如，乙酸乙酯的制备受多种因素的影响，可设计反应温度、催化剂浓度、料液比以及反应时间这四种因素，设定每个因素三个水平，如表1.3所示，通过正交试验优选出一种较好的实验室制备乙酸乙酯的条件，正交实验安排见表1.4。

表 1.3 | $L_9(3^4)$ 影响因素水平表

试验序号	温度/℃	硫酸浓度/%	料液比	时间/min
1	60	5	1:5	5
2	80	10	1:10	10
3	100	20	1:30	20

表 1.4 | L$_9$（3^4）正交试验安排表

试验序号	温度/℃	硫酸浓度/%	料液比	时间/min
1	60	5	1:5	5
2	60	10	1:10	10
3	60	20	1:30	20
4	80	5	1:10	20
5	80	10	1:30	5
6	80	20	1:5	10
7	100	5	1:30	10
8	100	10	1:5	20
9	100	20	1:10	5

正交法以比较少的试验次数获得能基本反映全面情况的实验结果。为了保证整齐可比和搭配均匀的特点，简化数据处理，试验点应在试验范围内充分地均匀分散，因此试验点不能过少。

1.3.5 回归分析法

回归分析法是指利用数据统计原理，对大量统计数据进行数学处理，并确定因变量与某些自变量的相关关系，建立一个相关性较好的回归方程（函数表达式），并加以外推，用于预测今后的因变量的变化的分析方法。

例如，用邻二氮菲分光光度法测定土壤中铁含量时，可以测出不同浓度下邻二氮菲铁络合物的吸光度，获得Fe^{2+}-邻二氮菲络合物标准系列的吸光度值（表1.5），通过对数据的回归分析，求出回归方程，根据回归方程作图，得出回归曲线（图1.29）。再测土壤溶液吸光度值，将其代入回归方程，即可计算出土壤中的铁含量。

表 1.5 | Fe^{2+}-邻二氮菲络合物标准系列的吸光度值（$\lambda = 510\,nm$）

$Fe^{2+}/\mu g\cdot mL^{-1}$	0.50	1.00	2.00	3.00	4.00	5.00
吸光度/$L\cdot g^{-1}\cdot cm^{-1}$	0.095	0.188	0.380	0.560	0.754	0.937

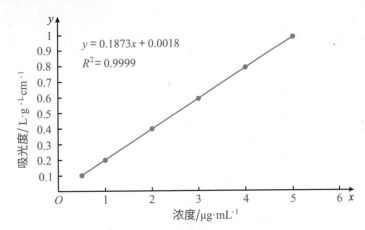

图 1.29 | 比色实验线性回归分析图

 **章末总结**

知识图谱

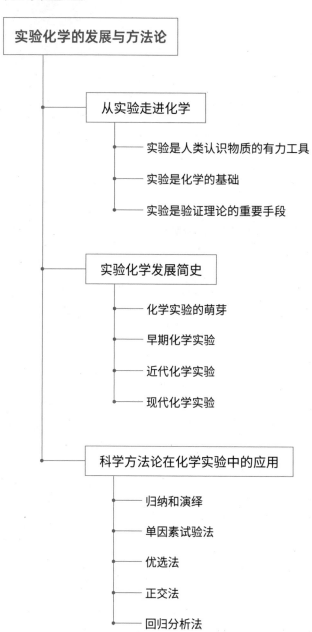

实验化学的发展与方法论

从实验走进化学
— 实验是人类认识物质的有力工具
— 实验是化学的基础
— 实验是验证理论的重要手段

实验化学发展简史
— 化学实验的萌芽
— 早期化学实验
— 近代化学实验
— 现代化学实验

科学方法论在化学实验中的应用
— 归纳和演绎
— 单因素试验法
— 优选法
— 正交法
— 回归分析法

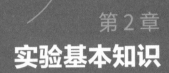

第 2 章
实验基本知识

化学实验规则
化学实验安全
化学实验常用的仪器及使用方法
化学实验的基本操作

2.1 化学实验规则

人们在生活中经常用到规则，好的规则可以使各项工作按计划达到预期的目标。化学实验也是如此，为了保证良好的实验环境和工作秩序，保证安全以及实验顺利完成，进行化学实验时必须遵守以下实验规则：

1. 实验前认真预习，明确实验目的，了解实验原理、方法、步骤和注意事项。在设计实验方案选择实验用品时，要充分考虑实验安全，并将所需用品提前报告教师，以便实验室准备。教师审阅预习部分并批准后，学生方可进入实验室（图2.1）。

2. 每次开始实验之前，都要检查实验用品是否齐全。若有缺损，申请补齐后再进行实验。

3. 实验中遵守操作规则和安全注意事项，确保实验安全。如有仪器损坏要即时报告，查明原因，凡违反操作规程造成事故的，按有关规定处理。

4. 实验时要按照实验说明或实验方案规定的步骤和方法进行，认真操作，仔细观察，积极思考，在记录表中如实、详细地记录实验现象和数据。

实验中出现异常现象或发现新问题时，应认真分析、检查原因，必要时可对原设计进行修改，经指导老师同意后可重新实验。

5. 随时注意保持实验室的整洁，实验台上的实验用品应摆放整齐，火柴梗、废纸等废品应放入废物缸，实验产生的废液、废渣等废弃物则应按教师要求倒入指定容器内，不要随意丢弃。

6. 按规定的量取用试剂，注意节约。取用后盖好瓶塞，并将试剂瓶放回原位。使用过的试剂要按照教师的要求处理。

7. 实验后应清洗所用仪器，整理实验台，检查确认水、电、气的开关已关闭。实验室内的一切物品，不能擅自带出实验室。值日生在离开实验室之前应检查实验室的所有电源、水源及气源开关和门窗，确认已经全部关好后方可离开。

8. 及时整理实验记录，认真完成实验报告。包括认真分析实验现象及实验中出现的问题；对实验数据进行处理（如计算、作图等），分析导致失败和产生误差的原因；进行自我评价，总结收获，对实验提出改进意见或建议等。

9. 如发生意外事故应保持镇静，及时处理。如伤及人身，应立即报告教师，针对情况采取必要措施。

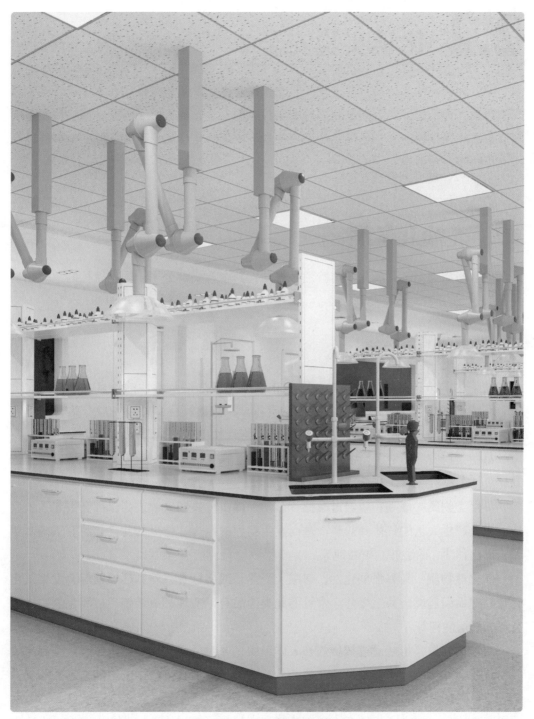

图 2.1 | 化学实验室

2.2 化学实验安全

学习和研究化学，经常要进行实验。无论是在化学实验室还是在家中进行实验或探究活动，为了保证实验的顺利进行和实验者的安全，我们除了需要掌握一些基本的实验方法和操作技能外，还需要认识一些常见的危险化学品、了解一些安全措施以及废弃物的处理方法等。

2.2.1 危险化学品

化学药品是中学开展化学实验的必需品，其中有一部分属于国家管控的危险化学药品。

1. 危险化学品的分类

危险化学品具有易燃、易爆、强氧化性、强腐蚀性及毒性的特点，会对人、设备、环境造成危害。它们种类繁多、性质各异，根据其化学性质一般分为易燃类物质、易爆类物质、氧化性物质、腐蚀类物质、毒性物质五大类。

易燃类物质：中学实验中常用的三类易燃化学品主要有易燃气体（H_2、CO等）、易燃液体（汽油、苯、甲苯等大多数有机物）、易燃固体（硫、红磷等）。

易爆类物质：该类物质经过摩擦、震动、撞击、碰到火源或高温都会引起强烈反应，瞬时产生大量的气体和热量，进而发生猛烈的爆炸。常见的此类药品有三硝基甲苯、硝化甘油、硝酸铵、氯酸钾等。

氧化性物质：具有强氧化性，遇酸、受热，或接触有机物、还原剂等会发生氧化还原反应而引起燃烧甚至爆炸。常见的此类药品有硝酸钾、氯酸钾、过氧化氢、过氧化钠、高锰酸钾等。

腐蚀类物质：指能通过接触灼伤人体组织，并对金属、动植物机体、纤维制品等具有强腐蚀作用的物质。常见的此类药品有浓酸（包括有机酸中的甲酸、乙酸等）、氟化氢、固态强碱或浓碱溶液、液溴、苯酚等。

毒性物质：指进入机体后，累积达到一定的量，能与体液和器官组织发生生物化学作用或生物物理作用，扰乱或破坏机体的正常生理功能，引起某些器官和系统暂时性或持久性的病理改变，甚至危及生命的物品。常见剧毒化学药品有各类氰化物、砷化物（如三氧化二砷，即砒霜）等。

2. 常见危险化学品的使用标识

易燃气体	易燃液体	易燃固体	暴露在空气中自燃的物质
遇水放出易燃气体的物质	有机过氧化物	无机氧化剂	爆炸物，有整体爆炸危险
腐蚀金属或严重灼伤皮肤、损伤眼睛的物质	非毒性且不易燃的加压气体	具有急性毒性的物质	表示轻度危害健康或危害臭氧层的警示
表示此物质对健康存在危害	表示此物质对环境存在危害		

注：1. 以上标识均参考我国2013年发布的国家标准（GB 30000）。
　　2. 标识中的底色、线条、数字等指明了其具体的危险性。
　　3. 标识中的数字为危险品货物分类号，具体可以参考国家标准（GB 6944—2012）。

2.2.2 实验安全防护

1. 防爆炸

可燃性气体（如 H_2、CO、CH_4 等）与空气混合都有一定的爆炸极限，因此点燃可燃性气体之前，一定要先检验其纯度，方法如图2.2所示。点燃氢气时，发出尖锐的爆鸣声表明气体不纯，声音很小则表示气体较纯。

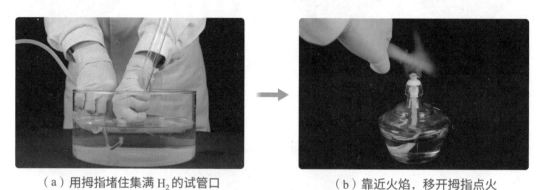

（a）用拇指堵住集满 H_2 的试管口　　　　（b）靠近火焰，移开拇指点火

▶ 图 2.2 ｜ 氢气的验纯

一些有液体或固体参与的反应也存在爆炸的危险，如钠、钾与水的反应。实验时所用钠、钾的量不宜过大，否则有可能因反应剧烈而爆炸，造成伤人事故。

2. 防倒吸

在化学实验中，经常涉及有气体参加或生成的反应。在加热制取气体或对有毒气体进行尾气吸收时，经常遇到倒吸的问题。倒吸现象产生的主要原因是密闭体系内的压强减小，内外产生压强差，其后果是造成反应器的玻璃炸裂或者液体与装置内的药品发生反应。为避免倒吸现象的发生，就需要设置防倒吸装置，如图2.3所示。

▶ 图2.3 ｜ 防倒吸装置

3. 防暴沸

暴沸在化学实验中是很危险的，它可能会导致仪器爆裂、液体溅出而产生意外的伤害。在需要加热液体的实验中我们通常会加几粒沸石（图2.4）或碎瓷片来防止液体的暴沸，如中学化学中蒸馏、乙烯的制备、乙酸乙酯的制取等实验中都需要加入沸石。

图 2.4 | 沸石

 知识拓展

暴沸现象与沸石

在化学实验中，加热液体常常要加入少量沸石防止暴沸。加热液体为什么会发生暴沸，而加入沸石为什么可以防止暴沸呢？

沸腾是指液体的饱和蒸气压等于外界大气压（液体温度达到沸点）时的汽化状态。英国物理学家开尔文（L. Kelvin，1824—1907）研究发现，液体气泡中的液面是凹面，其饱和蒸气压要比正常时小，而且气泡越小蒸气压越小。在液体温度达到甚至超过沸点时气泡从无到有、从小到大，而最初形成的气泡半径极小，导致泡内蒸气压远远小于液面外气压，因此在外气压的压迫下，很难形成气泡，致使液体不易沸腾，这种状态的液体称为过热液体。过热液体并不稳定，如果此时外部环境温度突然急剧下降或侵入气泡、杂质，液体会剧烈沸腾，气泡瞬间膨胀而使未汽化的液体飞溅并伴有爆裂声，这种现象叫作液体的暴沸。

只有液体中存在汽化核（气泡种子）时，高于沸点的液体才能围绕汽化核进行汽化形成气泡，所以可以通过增加液体中的气泡或杂质防止暴沸的发生。

沸石是沸石族矿物的总称，是一种含水的碱金属或碱土金属的铝硅酸矿物。它们的共同特点是具有支架状结构，即分子像搭架子一样连在一起，中间形成很多空腔，因此沸石也可称为分子筛。由于多孔性硅酸盐性质，沸石干燥后小孔中存有大量的空气。在液体中加热时，沸石小孔内的空气逸出产生气泡，起到了汽化核的作用。这样就可以避免液体自身难以产生气泡而过热的现象，从而可以防止暴沸。根据这一原理，同样具有多孔性的无釉碎瓷片或一端封口的毛细管等也具有防暴沸的作用。

4. 防中毒

大多数化学药品都有不同程度的毒性。有毒化学药品可通过呼吸道、消化道和皮肤进入人体而发生中毒现象。为了能够有效预防中毒应注意以下事项：在实验前了解所用药品的毒性和防护措施；使用有毒气体（如 Cl_2、NO_2 等）应在通风橱（图2.5）中进行操作；长时间使用剧毒药品时，要戴防护用具；实验操作要规范，离开实验室要洗手等。

图 2.5 | 通风橱

5. 防失火

化学实验中火灾主要是使用加热类仪器不当造成的。避免火灾的发生，首先，要熟练掌握一些简单加热仪器的使用方法，进行加热或燃烧实验时要严格遵守操作规则。其次，化学药品有很多是易燃物，使用时如果不注意可能引发火灾，所以对易燃药品必须妥善保管，放在专柜中，且远离火源、电源；易燃药品使用后如有剩余，不能随意丢弃。最后，实验室必须配备各种灭火器材，安装消防栓等灭火设施，万一发生火灾，应冷静判断情况，采取合适的方法灭火。

2.2.3 实验室事故处理方法

提前了解着火和烫伤的处理、化学灼伤的处理、如何防止中毒、意外事故的紧急处理方法，以及灭火器材、煤气开关、电闸等的位置和使用方法，正确拨打报警电话等安全措施，可以帮助我们及时、正确地处理实验事故。

1. 创伤

伤口处不能用手抚摸，通常也不能用水洗涤，要用药棉把伤口清理干净（伤口处若有碎玻璃片，要先小心除去），然后用双氧水或碘酒擦洗，最后再用创可贴外敷。伤势严重，流血不止时，用纱布在伤口上部约10 cm处扎紧，压迫止血，随后立即就医。

2. 烫伤和烧伤

若轻微烫伤或烧伤，可先用洁净的冷水处理，降低局部温度，然后涂上烫伤药膏（若有水泡，尽量不要弄破）。若严重需及时就医。

3. 酸或碱等腐蚀性药品灼伤

如果不慎将酸沾到皮肤上，应立即用大量水冲洗，然后用3%~5%的 $NaHCO_3$ 溶液冲洗；如果不慎将碱沾到皮肤上，应立即用大量水冲洗，然后涂上1%的硼酸。

如果酸溅入眼内，应立即用大量水冲洗，边洗边眨眼，之后立即送医院治疗；如果碱溅入眼内，应立即用硼酸溶液淋洗。

如果有少量酸（或碱）滴到实验桌上，应立即用湿抹布擦净，然后用水冲洗抹布。

4. 散落金属汞

如果不慎将金属汞散落（图2.6），可以使用滴管将散落的汞收集到烧杯中，并且用水进行覆盖。如果将难以收集的汞珠散落在地面上，则可以将硫黄粉撒在汞表面，使其形成毒性较低的硫化汞。

图 2.6 | 散落的汞

5. 毒物入口

如果毒物尚未咽下，应立即吐出，并用大量水冲洗口腔；如果已经咽下，应立即催吐，并送医院急救。

如果误食铜盐、汞盐等重金属盐，要立即喝豆浆、牛奶或鸡蛋清解毒，并及时就医。

6. 触电

发生触电后，应立即切断电源，拉开电线，将触电者拖离触电环境。在此过程中，施救者任何部位均不能直接接触到触电者，保持与触电者的绝缘。搬动或拉扯触电者的器材一定要绝缘，如干燥木棒等。触电者如发生呼吸、心搏骤停，应立即开始心肺复苏，包括胸外按压和人工呼吸。

7. 着火

一旦发生火情，应立即切断室内电源，移走可燃物。如果火势不大，可用湿布或石棉布覆盖火源以灭火（金属钾、钠起火，要用沙子盖灭，不能用水灭火）；如果火势较猛，应根据具体情况，选用合适的灭火器（图2.7至图2.9）进行灭火（如电器设备着火，只能使用四氯化碳或二氧化碳灭火器灭火，不能使用水基型灭火器以免触电），并立即与消防部门联系，请求救援。

图 2.7 │ 干粉灭火器

如果身上的衣物着火，不可慌张乱跑，应立即用湿布灭火；如果燃烧面积较大，应躺在地上翻滚以达到灭火的目的。

图 2.8 │ 二氧化碳灭火器

图 2.9 │ 水基型灭火器

2.2.4 实验室废弃物处理方法

化学实验不仅要用到许多化学试剂（其中有些属于危险品），而且要用到一些专门的仪器（如易破裂的玻璃仪器和加热用的灯具），因此就会不可避免地产生一些废弃物。实验室的废弃物按形态可以分为废液、废气、废渣三类，即常说的"三废"。这些实验室产生的"三废"如果不经处理就直接排放到空气或下水道中，不仅污染环境，而且危害人体健康。因此，必须对其进行无害化处理，并尽可能减少实验室污染，从源头上实现绿色化学的目标。

1. 废液的处理

在化学实验室的废弃物中废液的排放量最大，处理难度也最大。化学实验的废液大多数是有害或有毒的，不能直接排到下水管道中，可以先收集存储于废液缸中，以后再统一处理。处理废液的常用方法如下：

（1）对于酸、碱、氧化剂或还原剂的废液，应分别收集。在确定酸与碱混合、氧化剂与还原剂混合无危险时，可用中和法或氧化还原法，每次各取少量分次混合后再排放。

（2）对于含重金属（如铅、汞或镉等）离子的废液，可利用沉淀法进行处理。将沉淀物（如硫化物或氢氧化物等）从溶液中分离，并作为废渣处理；在确定溶液中不含重金属离子后，将溶液排放。

（3）对于有机废液，具有回收利用价值的，可以用溶剂萃取，分液后回收利用，或直接蒸馏，回收特定馏分。不需要回收利用的，可用焚烧法处理（注意：含卤素的有机废液焚烧后的尾气应单独处理）。

2. 废气的处理

在实验室对于使用或产生少量有毒、有害气体的实验必须在通风橱中进行，这虽然是保证实验室内空气质量、保护实验人员健康安全的有效办法，但是由于废气是通过通风橱直接排放到大气中的，因此还是会对生态环境造成污染。为了更好地实现废气的绿色排放，对于有毒害的气体，我们需要根据其不同的性质，采取相应的措施进行处理。

例如，碱性气体 NH_3 可以使用废酸进行吸收处理；对于氮、硫等酸性氧化物的气体以及氯气、溴蒸气等有害气体，则可以将其排放至回收的废碱液中进行吸收处理；一些可燃的有毒气体可通过点燃的方法转化成无毒气体，如 CO 经点燃转化成 CO_2。

另外，在水或其他溶剂中溶解度特别大或比较大的气体，可以利用合适的溶剂，将它们完全或大部分溶解吸收。有回收价值的气体如 SO_3，可回收用于生产硫酸。

3. 废渣的处理

化学实验所产生的废渣量一般较少，主要为实验剩余的固体原料、固体生成物、废弃空药瓶、各类废纸（如吸水纸、称量纸等）、破损的玻璃仪器等无毒杂物。固体废物具有污染环境和再次利用的双重性质，可以适当根据实际情况进行绿色废弃处理或回收利用。

（1）易燃物如钠、钾、白磷等若随便丢弃易引起火灾，中学实验室中可以将未用完的钠、钾、白磷等放回原试剂瓶。

（2）强氧化物如 $KMnO_4$、$KClO_3$、Na_2O_2 等固体不能随便丢弃，可配成溶液或通过化学反应将其转化为一般化学品后，再进行常规处理。

（3）对于实验转化后的难溶物或含有重金属的固体废渣等实验室无法自行处理的废弃物，待其达到一定数量后，应当集中送至环保单位进一步处理。

虽然化学实验室所产生的废弃物种类繁多、化学成分复杂、处理难度较大，但是不管多困难，都需要对废弃物进行处理，从而减轻废弃物对生态环境和人体的危害。另外，在实验教学中应以绿色化学的理念和原则为指导思想，通过精选实验内容、改进实验方法、采用微型化学实验（图2.10）等手段减少化学实验中"三废"的产生，实现化学实验的绿色化。

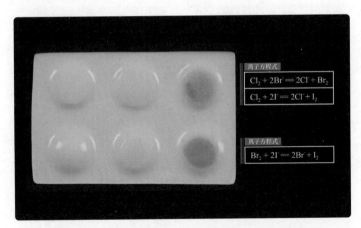

▶ 图 2.10 │ 卤族元素性质递变的微型化学实验

绿色化学

绿色化学（green chemistry）也称环境友好化学，其核心思想就是改变"先污染后治理"的观念和做法，利用化学原理和技术手段，减少或消除产品在生产和应用中涉及的有害化学物质，实现从源头减少或消除环境污染（图2.11）。

原子经济性和"5R"原则是绿色化学的核心内容。原子经济性（atom economy）指在化学品合成过程中，合成方法和工艺应被设计成能把反应过程中所用的所有原材料尽可能多地转化到最终产物中。最理想的情况就是反应物的所有原子全部转化为期望的最终产物，此时原子利用率为100%。绿色化学的"5R"原则为：拒用危害品（reject）、减量使用（reduce）、再生（regenerate）、再循环（recycle）、再利用（reuse）。

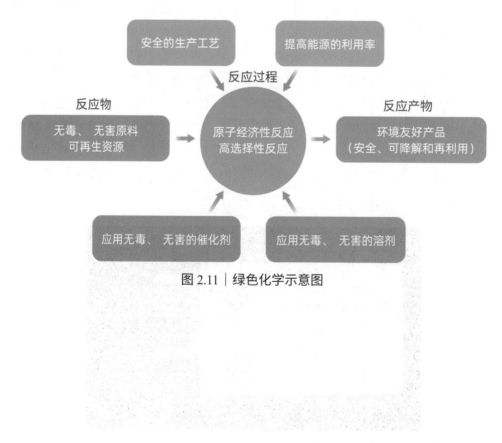

图 2.11 │ 绿色化学示意图

2.3 化学实验常用的仪器及使用方法

在中学化学实验中，会用到很多的实验仪器。常用仪器按照用途，大致可分为可加热的仪器（表2.1）、存取物质的仪器（表2.2）、计量的仪器（表2.3）、分离提纯的仪器（表2.4）和其他仪器（表2.5）。正确认识和使用仪器是做好实验的基础，现对仪器的名称、主要用途、使用方法和注意事项进行介绍。

表 2.1 | 可加热的仪器

仪器名称	主要用途	使用方法和注意事项
试管	用作常温或加热条件下少量试剂的反应容器	1. 可直接加热，加热前要将试管外壁擦干并预热，加热时试管夹夹持在距试管口约1/3处； 2. 反应液体的体积不超过试管容积的1/2，加热时不超过1/3
蒸发皿	1. 蒸发浓缩溶液； 2. 用作反应容器	1. 可直接加热，但不能骤冷，以防破裂； 2. 盛液量不应超过蒸发皿容积的2/3； 3. 加热浓缩溶液时，要不断搅拌，以防暴沸
坩埚	用于固体物质的高温灼烧	置于泥三角上直接加强热，加热后用预热过的坩埚钳取下，放在石棉网上冷却，以防骤冷导致坩埚破裂或烧坏台面
燃烧匙	用于盛放少量固体做燃烧实验	1. 可直接加热； 2. 若燃烧能物与燃烧匙反应，则应在底部放少量沙子或石棉绒
烧杯	1. 用作常温或加热条件下大量物质反应的容器； 2. 配制溶液	1. 加热前要将烧杯外壁擦干，加热时要垫石棉网； 2. 反应液体的体积不超过烧杯容积的2/3

仪器名称	主要用途	使用方法和注意事项
圆底烧瓶 平底烧瓶 蒸馏烧瓶	1. 圆底烧瓶用作常温或加热条件下的反应器； 2. 平底烧瓶用于代替圆底烧瓶； 3. 蒸馏烧瓶用于液体蒸馏	1. 加热前外壁要擦干，加热时要垫石棉网； 2. 盛放液体的量不能超过烧瓶容积的2/3，也不能太少； 3. 蒸馏液体时，要加几粒沸石或碎瓷片，以防暴沸
锥形瓶	用作反应容器，由于振荡方便，特别适于滴定操作	1. 加热时要垫石棉网； 2. 盛放液体不能超过锥形瓶容积的1/2

表 2.2 | 存取物质的仪器

仪器名称	主要用途	使用方法和注意事项
细口瓶 广口瓶	细口瓶：用于储存溶液或液体药品； 广口瓶：用于储存固体药品	1. 盛放碱液时应该使用橡胶塞； 2. 棕色瓶盛放见光易分解或不太稳定的物质
滴瓶	盛放少量液体试剂或溶液	1. 棕色瓶盛放见光易分解或不太稳定的物质； 2. 滴管专用，不得混用
集气瓶	1. 收集或储存少量气体； 2. 用作气体的反应器	1. 收集完气体用玻璃片密封； 2. 燃烧反应有固体生成时，瓶底加少量水或铺少量细沙
胶头滴管	用于吸取和滴加少量液体	1. 垂直悬滴，不与其他容器接触； 2. 取液后的滴管，应保持胶帽在上，不要平放或倒置； 3. 洗净后方可取另一种试剂，不能一管多用

表 2.3 | 计量的仪器

仪器名称	主要用途	使用方法和注意事项
量筒	粗略量取一定体积的液体	不可加热，不可作实验容器，不能在量筒里稀释溶液，不可量取热的溶液或液体
移液管	精确移取一定体积的液体	用时先用少量待移取的溶液润洗
容量瓶	用于配制准确浓度的溶液	1. 不能受热，不能用于储存溶液，以免影响容积的精确度； 2. 不能在其中溶解固体，以免影响配制准确度； 3. 配套瓶塞不能互换，使用前需检漏
滴定管	滴定或量取准确体积的溶液	1. 使用前需检漏； 2. 洗净的滴定管使用前要用待装液体润洗三次，以保证溶液浓度不变； 3. 滴出或量取液体之前要赶尽玻璃尖嘴处的气泡，以保证读数准确； 4. 不能受热，以免影响容积精确度； 5. 酸、碱滴定管不能对调使用，碱式滴定管不能盛氧化剂，以防腐蚀仪器
温度计	测量液体或蒸气温度	1. 不允许测量超过它最高量程的温度，使用后不能骤冷； 2. 根据实验目的放置水银球位置

表 2.4 丨 分离提纯的仪器

仪器名称	主要用途	使用方法和注意事项
漏斗	1. 用于分离固-液混合物； 2. 向细口容器中转移液体	过滤时漏斗下端管口要紧靠烧杯内壁
梨形分液漏斗	用于分离互不相溶的液-液混合物	1. 不能加热； 2. 配套活塞和旋塞，不能调换，使用前需检漏； 3. 分液时，下层液体从漏斗下端管口放出，上层液体从上口倒出； 4. 盛装液体的体积应小于分液漏斗容积的1/2
干燥管	干燥气体或除去气体中的杂质	1. 干燥剂或除杂剂颗粒大小要适中，填充时松紧要适中； 2. 气体从大口进、小口出； 3. 球体与细管连接处一般要塞棉团，以防干燥剂颗粒随气体排出
洗气瓶	除去气体中的杂质	1. 洗液的体积不超过容器容积的2/3； 2. 不能长时间盛放碱性洗液； 3. 气体流向一般为长导管进、短导管出
冷凝管 	在蒸馏装置中用来冷凝馏出物	1. 适用于冷凝蒸气温度小于140 ℃的液体； 2. 进水管接在下方，出水管接在上方，使水流逆馏出物方向流动

表 2.5 | 其他仪器

仪器名称	主要用途	使用方法和注意事项
长颈漏斗	用于向气体发生装置中加注液体	下端伸入液面以下
球形分液漏斗	用于向气体发生装置中随时加注液体	1. 使用前需检漏； 2. 漏斗内加入的液体体积不超过容积的3/4； 3. 不宜装碱性液体
比色管	用于比色分析	1. 要使用一套质量、大小、形状相同的比色管； 2. 不能用硬毛刷和去污粉洗涤，以免擦伤壁管，影响透光效果
研钵	研磨固体物质	1. 被研磨物体积不超过研钵容积的1/3； 2. 几种物质混合时，需将几种物质分别研细后再混合
泥三角	用于支撑灼烧坩埚	1. 常与三脚架配合使用； 2. 不能强烈撞击，以免损坏瓷管
坩埚钳	夹持坩埚或其他高温器皿	1. 不能接触试剂； 2. 夹持前应预热，夹持高温仪器后应放在石棉网上冷却
酒精灯	用于加热	1. 酒精体积不超过酒精灯容积的2/3，且不少于1/4； 2. 禁止向燃着的酒精灯里添加酒精，禁止用酒精灯引燃另一只酒精灯； 3. 用完酒精灯，必须用灯帽盖灭

知识拓展

广口瓶的"一瓶多用"

1. 收集气体：根据所收集气体的密度大小、是否与空气或水反应、水溶性等性质，常用收集气体的方法有向上排空气法、向下排空气法和排水法，如图2.12所示。

向上排空气法　　向下排空气法　　排水法

图 2.12

2. 量取气体：气体从短管通入，如图2.13所示。

3. 洗气瓶：用于气体的除杂，气体从长管进，短管出，如图2.14所示。

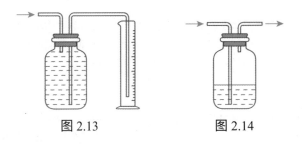

图 2.13　　　　　　　　图 2.14

4. 安全瓶：防倒吸装置，如图2.15所示。

5. 用于监控气体的流速。如图2.16所示，从长管通入气体，根据液体中产生气泡的速率来监控通入气体的流速。

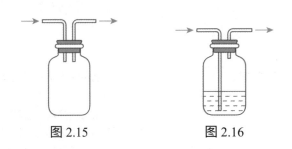

图 2.15　　　　　　　　图 2.16

2.4 化学实验的基本操作

化学实验的基本操作是化学实验者应当掌握的必备技能，是进行科学探究、提升实验素养的必要条件。不管是化学药品的取用、物质的溶解与加热、试纸的使用、仪器的洗涤等较为基础的操作，还是仪器的组装与气密性检查、滴定管的使用、溶液的配制等比较综合的操作，都是完成实验的基础和保证。

2.4.1 化学药品的取用

1. 取用规则

"三不"原则：不能用手直接接触药品，不要把鼻孔凑到容器口闻药品的气味，不得尝任何药品的味道。

注意节约药品：严格按照实验规定用量取用药品。如果没有说明用量，一般应按最少量取用。固体通常仅需盖满试管底部，液体取1~2 mL。

剩余药品处理：除钠、钾和白磷等少数药品可以放回原瓶外，其余的要放入指定容器中。

2. 固体药品的取用

固体药品通常盛放在广口瓶中。取用粉末状固体药品使用药匙或纸槽；取用块状药品使用镊子。如图2.17所示，向试管中加入固体药品时，先将试管横放，再将盛有药品的药匙送到试管底部或夹持固体的镊子伸入试管口，然后将试管直立，使药品慢慢滑落至试管底部。

粉末状固体需要
用药匙送入试管底

▶ 图 2.17 | 固体药品的取用

3. 液体药品的取用

液体药品一般盛装在细口瓶或带有滴管的滴瓶中。取用液体药品较多时可直接倾倒，较少时使用滴管。

如图2.18所示，往试管中倾倒液体药品时，取下瓶塞倒放在桌面上，然后手心对着标签拿起瓶子，使瓶口紧靠试管口，将液体缓缓倒入试管。倾毕，先将试剂瓶口在容器上轻刮一下，再逐渐竖起瓶子，盖紧瓶塞放回原处。

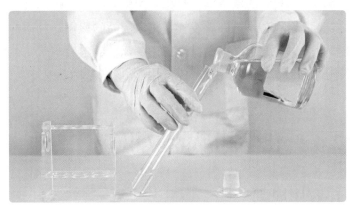

▶ 图2.18 | 液体药品的取用

往烧杯中倾倒液体药品应用玻璃棒引流。如图2.19所示，玻璃棒下端轻抵烧杯内壁，瓶口紧贴玻璃棒，缓缓倒入。

用胶头滴管取用液体药品时，先将液体吸入滴管中，然后使滴管垂直于接受容器口的正上方，轻轻挤压胶头，使液体从容器口的正中悬空滴入容器内，勿让滴管的尖嘴触及容器内壁，如图2.20所示。

图2.19 | 将液体药品加入烧杯中

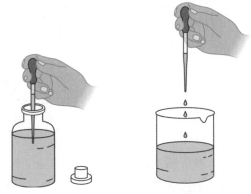

图2.20 | 用滴管取用液体

2.4.2 仪器的组装和气密性检查

1. 仪器的组装

连接玻璃管和橡胶塞：把玻璃管要插入塞子的一端用水润湿，然后均匀用力转动使它插入橡胶塞孔中，如图2.21所示。

图 2.21 | 连接玻璃管和橡胶塞

连接玻璃管和胶皮管：用水润湿玻璃管口，然后稍稍用力把玻璃管插入胶皮管，如图2.22所示。

连接橡胶塞和试管口：把橡胶塞慢慢转动着塞进试管口，如图2.23所示。切不可把试管放在桌面上再使劲塞进塞子，以免压破试管。

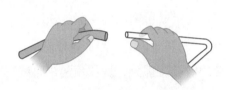

图 2.22 | 连接玻璃管和胶皮管

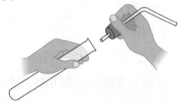

图 2.23 | 连接橡胶塞和试管口

仪器装配：多种仪器进行组合装配，一般按照"从下到上、从左到右"的顺序（蒸馏装置的仪器装配顺序如图2.24所示）。需要固定的仪器要注意铁夹的位置以及仪器的安装方向和高低。

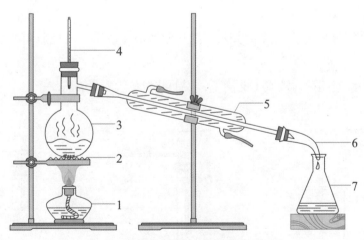

图 2.24 | 蒸馏装置的仪器装配顺序

2. 常见装置的气密性检查

凡是有制气体的实验装置，都需要进行气密性检查。气密性检查应在安装好整个装置之后、装入药品之前进行。

（1）微热法

原理：通过微热使装置内部的气体受热膨胀，溢出一部分气体，冷却后，装置内的气体冷缩后压强减小，外界气压大，将水压入导管内，形成水柱。

操作：塞紧橡胶塞，将导气管末端伸入盛水的烧杯中，用手捂热或用酒精灯微热试管，如图2.25所示。

现象：烧杯中有气泡产生，停止微热，冷却后导气管末端形成一段水柱，且保持一段时间不下降，说明装置的气密性良好。

（2）液差法

原理：用长颈漏斗向密封的装置中注水，水压缩装置内的气体使内部气压上升，大于外部气压，再注水时，水会留在长颈漏斗中，与装置内的液面形成液面差。

操作：塞紧橡胶塞，用止水夹夹住导气管的橡胶管部分，从长颈漏斗向试管中注水，如图2.26所示。

现象：一段时间后，长颈漏斗中的液面高于试管中的液面，且液面差不变，说明装置的气密性良好。

（3）气压法

原理：用分液漏斗向密封的装置中注水，水压缩装置内的气体使内部气压上升，大于外部气压，因此液滴不能滴下。

操作：塞紧橡胶塞，关闭止水夹，打开分液漏斗活塞，向烧瓶中加水，如图2.27所示。

现象：一段时间后，液滴不能滴下，说明装置的气密性良好。

图 2.25 | 微热法
检查装置的气密性

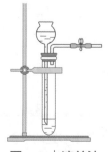

图 2.26 | 液差法
检查装置的气密性

图 2.27 | 气压法
检查装置的气密性

2.4.3 物质的溶解

1. 固体的溶解

固体常在烧杯中溶解，少量固体也可以在试管中溶解。一般顺序是先加固体后加液体，可采用加热、振荡、搅拌、研磨等措施加快溶解速度，如图2.28所示。

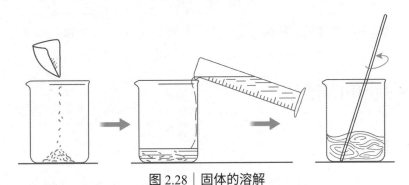

图 2.28 | 固体的溶解

2. 液体的混合和稀释

液体的混合和稀释，一般是将密度大的液体注入密度小的液体中，振荡或搅拌可加速混合。对于产生大量热的液体混合，如浓 H_2SO_4 和水、浓 HNO_3、乙醇的混合，要将浓 H_2SO_4 缓慢注入，同时不断搅拌，如图2.29所示。

▶ 图 2.29 | 浓硫酸的稀释

3. 气体的溶解

对于溶解度不大的气体，如 Cl_2、SO_2、CO_2 等，可直接将导气管伸入水中，如图2.30所示；对于极易溶于水的气体，如 HCl、HBr、NH_3 等，则应采用防倒吸装置，如图2.31所示。可在导气管末端连接漏斗，让漏斗边缘稍接触水面。漏斗还可用球形干燥管代替，干燥管小口端伸入水中。

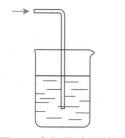
图 2.30 | 气体溶解装置

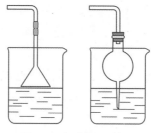
图 2.31 | 防倒吸装置

2.4.4 物质的加热

1. 酒精灯的使用

用火柴或打火机点燃酒精灯；加热时，用温度较高的外焰；熄灭时，用灯帽盖灭，如图2.32所示。

外焰
内焰
焰心

图 2.32 | 酒精灯的使用

2. 直接加热

对温度无准确要求且需快速升温的实验通常采取直接加热的方式进行，可直接加热的仪器有试管、蒸发皿、坩埚和燃烧匙。

给试管里的固体加热：首先放置好酒精灯，然后根据酒精灯火焰的高度将盛有药品的试管固定在铁架台上，试管口略向下倾斜。加热时，要先预热，再用外焰固定加热盛有药品的部位，如图2.33所示。

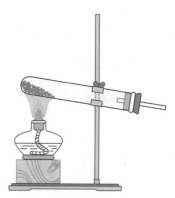
图 2.33 | 加热试管内的固体

给试管里的液体加热：试管内液体体积不能超过试管容积的1/3。将试管夹从试管底部往上套，夹持在试管中上部，使试管与水平线呈45°，管口勿对人。加热时，要先预热，再用外焰固定加热盛有药品的部位，如图2.34所示。

图 2.34 加热试管内的液体

3. 隔石棉网加热

用酒精灯给较大的玻璃器皿加热时，需要垫石棉网，如图2.35所示。需要隔石棉网加热的仪器有烧杯、烧瓶、锥形瓶等。加热时，受热容器外壁不能有水，以免受热不均而破裂。

4. 水浴加热

对温度不超过100 ℃的实验，可采用水浴加热，如图2.36所示。水浴加热具有易于控制温度、被加热仪器受热均匀等特点。中学常用水浴加热的实验有 KNO_3 溶解度的测定、银镜反应、酯的水解反应等。

图 2.35 隔石棉网加热

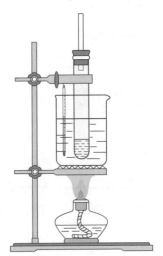

图 2.36 水浴加热

2.4.5 试纸的使用

1. 试纸类型

试纸的种类很多，中学化学实验常用的有石蕊试纸、pH试纸、淀粉碘化钾试纸和醋酸铅试纸等。常用试纸的种类和用途见表2.6。

表 2.6 | 试纸的种类与用途

种类	颜色	用途	颜色变化
石蕊试纸	紫色	定性检测气体或溶液的酸碱性	遇酸性溶液变红，遇碱性溶液变蓝
	红色		遇碱性溶液变蓝
	蓝色		遇酸性溶液变红
酚酞试纸	白色	定性检测气体或溶液的酸碱性	遇碱性溶液变红，遇酸性溶液不变色
pH试纸	黄色	粗略测定溶液的酸碱性强弱	遇酸碱性强弱不同的溶液时，显示不同的颜色
品红试纸	红色	定性检验 SO_2 气体	遇 SO_2 时褪色，加热后恢复红色
淀粉碘化钾试纸	白色	定性检验氧化性物质的存在	遇 Cl_2、O_3、NO_2 等时变蓝色
醋酸铅试纸	白色	检测 H_2S 气体及 S^{2-} 溶液	遇 H_2S 或 S^{2-} 时，试纸变黑

2. 使用方法

检测溶液：将一小片试纸放在表面皿或玻璃片上，用蘸有待测液的玻璃棒点在试纸的中部，观察试纸颜色变化。如果是pH试纸则应在30 s 内比色读数。

检测气体：一般先用蒸馏水润湿，将其粘在玻璃棒一端，置于待检测气体出口（不得接触容器），观察试纸颜色变化。

2.4.6 常见计量仪器的使用

1. 量筒的使用

量筒是用来粗略量取液体体积的一种玻璃仪器。如图2.37所示，量液时，先将量筒稍微倾斜，沿量筒内壁缓缓注入液体，液面接近指定体积时，再将量筒放正，改用胶头滴管滴加到所需要的量。读数时，视线与量筒内液体凹液面的最低处保持水平。

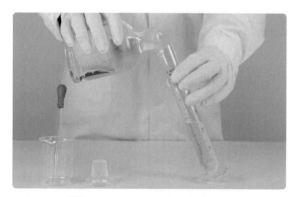

▶ 图 2.37 | 量筒的使用方法

2. 移液管的使用

移液管是用来准确移取一定体积溶液的仪器，常用的移液管有5 mL、10 mL、25 mL、50 mL等规格。使用移液管移取溶液的操作分为以下几步（图2.38）：

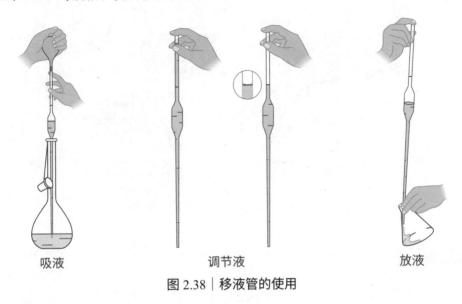

吸液　　　　　　　　调节液　　　　　　　　放液

图 2.38｜移液管的使用

吸液：左手握住洗耳球，右手的拇指和中指拿住移液管标线以上的部分，将洗耳球对准移液管管口，将移液管管尖伸入待吸溶液中，吸取溶液。

调节液：当管中的液面上升至标线以上时，移去洗耳球，右手食指迅速堵住管口，左手改拿原盛待吸溶液的容器。右手微微松动，使液面缓缓下降，直到视线平视凹液面并与标线相切时立即按紧管口。

放液：移液管垂直，将准备盛待吸溶液的锥形瓶（或其他容器）倾斜，管尖靠在锥形瓶内壁，待溶液完全放出后停留15 s再移开移液管。

3. 滴定管的使用

滴定管是内径均匀、带有刻度的细长玻璃管，下部有用于控制液体流量的玻璃活塞（酸式滴定管）或由橡皮管、玻璃珠组成的阀（碱式滴定管），主要用于精确地放出一定体积的溶液。实验室常用滴定管的规格有25 mL和50 mL，精确度为0.01 mL。

滴定管在使用前，首先要检查是否漏水，只有不漏水的滴定管才能使用；然后分别用蒸馏水和标准溶液润洗滴定管内壁；最后装入标准溶液，赶走气泡、调整液面并记录读数。

滴定时，如图2.39所示，左手控制活塞或小球，右手摇动锥形瓶，眼睛注视锥形瓶内溶液颜色的变化；滴液速度先快后慢，直到加入半滴溶液后，指示剂颜色发生明显的改变，且半分钟内不变色为止；此时已达滴定终点，记录读数。

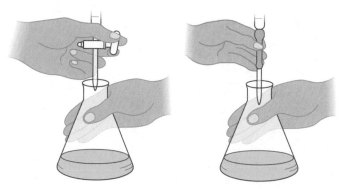

图 2.39 | 酸式滴定管和碱式滴定管的使用

4. 容量瓶

容量瓶常用于配制一定体积、一定浓度的溶液。容量瓶上标有温度（一般为20 ℃）、容积和刻度线，表示在所指温度下，液体的凹液面与刻度线相切时，溶液体积恰好与瓶上标注的容积相等。实验室常用的规格有50 mL、100 mL、250 mL、500 mL和1000 mL等几种。使用容量瓶配制溶液的过程如下：

检漏：如图2.40所示，向容量瓶中注入自来水至标线，盖好瓶塞，一只手托住瓶底，另一只手的食指按住瓶塞，将容量瓶倒立2 min，观察瓶塞周围是否有水渗出。将容量瓶直立，并将瓶塞旋转180°后，再倒立2 min检查，均不漏水方可使用。

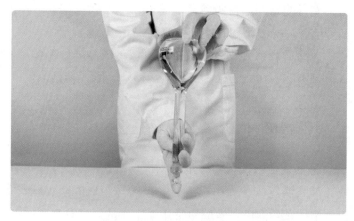

▶ 图 2.40 | 容量瓶的检漏

溶解：将称量好的固体转移至烧杯中，用适量蒸馏水溶解，冷却至室温。

移液：将烧杯中的溶液用玻璃棒引流到容量瓶中，用蒸馏水洗涤烧杯内壁及玻璃棒2~3次，并将每次洗涤的溶液都注入容量瓶中，轻轻振荡容量瓶，使溶液混合均匀。

定容：缓缓地将蒸馏水注入容量瓶中，直至容量瓶中的液面距离容量瓶的刻度线1~2 cm时，改用胶头滴管滴加蒸馏水至溶液的凹液面正好与刻度线相切，再将容量瓶塞盖好，反复上下颠倒，摇匀。配制一定浓度的溶液过程，如图2.41所示。

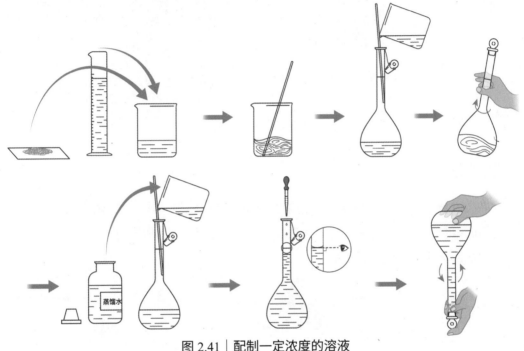

图 2.41 │ 配制一定浓度的溶液

2.4.7 仪器的洗涤

洗涤仪器有多种方法，应根据实验的要求、污物性质和仪器被沾污的程度，选择不同的洗涤液和洗涤方法。玻璃仪器洗净的标准为内壁附着的水既不聚成水滴，也不成股流下，如图2.42所示。

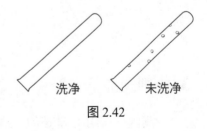

洗净　　未洗净

图 2.42

1. 冲洗法

若仪器壁附着的污物具有可溶性或污物为灰尘时，可直接用自来水冲洗。如图

2.43所示，往容器里注入约占容器容积1/3的水，振荡后倒掉，再注入水，振荡后再倒掉，如此反复操作几次。直至将水倒出后，仪器内壁被水均匀分布，不挂水珠，再用蒸馏水淋洗2~3次。

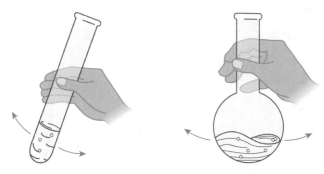

图 2.43 | 冲洗仪器

2. 刷洗法

若仪器壁上附有不易被洗掉的物质，要用试管刷刷洗。往容器里倒入少量水，选择合适的试管刷，可配合去污粉或洗涤剂，转动或上下移动刷子，如图2.44所示。刷洗后，用水振荡几次，再用蒸馏水淋洗。

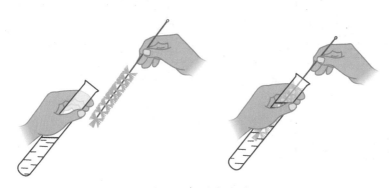

图 2.44 | 刷洗仪器

3. 药剂洗涤法

若附着不易用水洗掉的污物，可根据污物的性质选择合适的药剂进行处理，处理不同污物的洗涤试剂见表2.7。

表 2.7 | 处理不同污物的药剂

污物	药剂
油脂	热的纯碱溶液
碘	酒精
苯酚	酒精或 NaOH 溶液
银迹、铜迹	稀硝酸
硫黄	CS_2 或热碱液
难溶性碱、碱性氧化物、碳酸盐	稀盐酸，必要时可加热
高锰酸钾	草酸溶液
二氧化锰	热的浓盐酸
蒸发皿和坩埚上的污迹	浓硝酸或王水
瓷研钵内的污迹	食盐

章末总结

知识图谱

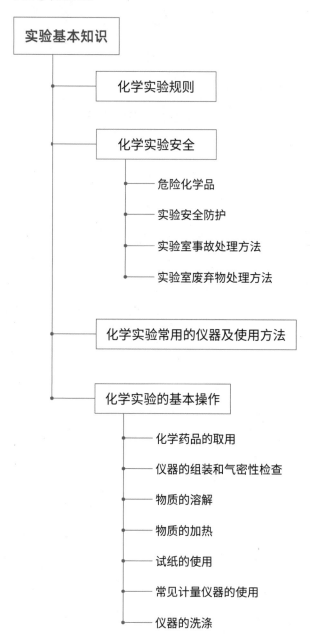

实验基本知识

　　化学实验规则

　　化学实验安全

　　　　危险化学品

　　　　实验安全防护

　　　　实验室事故处理方法

　　　　实验室废弃物处理方法

　　化学实验常用的仪器及使用方法

　　化学实验的基本操作

　　　　化学药品的取用

　　　　仪器的组装和气密性检查

　　　　物质的溶解

　　　　物质的加热

　　　　试纸的使用

　　　　常见计量仪器的使用

　　　　仪器的洗涤

第 3 章

基础性实验

3.1 物质的分离与提纯

物质的分离与提纯是化学实验、化工生产的一项重要任务。在化学实验中，我们可以运用物理或化学方法，将混合物中的组分分开，这种操作称为分离；去除杂质得到纯物质的操作则称为提纯。分离、提纯的基本原理是利用被提纯物与杂质性质的差异达到分离的目的，常用的物理方法有过滤、蒸馏、萃取和分液、重结晶、纸层析法等。

1. 过滤

过滤（filtration）是把固体与液体分离的一种方法。过滤时要注意"一贴、二低、三靠"。

（1）过滤器准备

如图3.1所示，将一张圆形滤纸对折两次，打开使之呈圆锥形，放入漏斗中，用水润湿，使滤纸紧贴漏斗内壁，并使滤纸边缘略低于漏斗口。

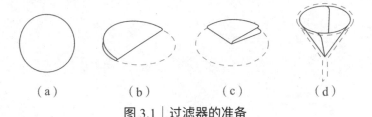

（a）　　　（b）　　　（c）　　　（d）

图 3.1 │ 过滤器的准备

（2）过滤的操作方法

如图3.2所示，倾倒液体时，烧杯要紧靠引流的玻璃棒；玻璃棒的末端要轻轻斜靠在有三层滤纸的一边；漏斗下端管口要紧靠烧杯内壁；漏斗里液体的液面要低于滤纸的边缘。如果过滤后滤液仍然浑浊，可更换滤纸后将滤液再次过滤，直至滤液完全澄清为止。

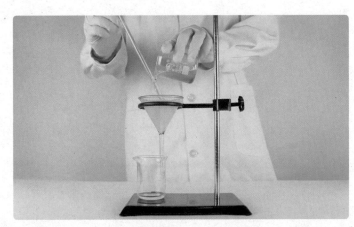

▶ 图 3.2 │ 过滤

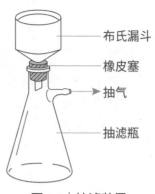

知识拓展

更有效的过滤方法 —— 抽滤

　　抽滤也称减压过滤，是在较低压强下将晶体滤出，可以快速、充分地将晶体与母液分开。抽滤经常使用一种特殊的漏斗——布氏漏斗，抽滤装置如图3.3所示。使用时，将一片直径略小于漏斗内径的圆形滤纸铺在漏斗底部，先用少量溶剂润湿滤纸并微启水泵，将其吸紧；然后小心地把要过滤的悬浊液倒入漏斗中，开大水泵，一直抽气到几乎没有液体滤出为止。

布氏漏斗
橡皮塞
抽气
抽滤瓶

图 3.3 | 抽滤装置

2. 蒸馏

　　蒸馏（distillation）是将液体加热汽化后再冷凝蒸气的操作。通过蒸馏，可以把溶剂从含有高沸点溶质的溶液中分离出来，也可以将两种或两种以上沸点差别较大的液体进行分离。

　　如图3.4所示，按照自下而上、从左到右的原则组装仪器。蒸馏时，选择大小合适的蒸馏烧瓶，使烧瓶中液体的体积是其容积的1/3~2/3，且烧瓶中加入碎瓷片或沸石以防止暴沸；温度计的水银球置于蒸馏烧瓶的支管口附近，以测蒸气的温度；冷凝管中水的流向为下口进上口出，与蒸气流动方向相反，以提高冷凝效率。

▶ 图 3.4 | 蒸馏

3. 萃取和分液

　　利用某种溶质在两种互不相溶的溶剂里溶解能力的不同，用一种溶剂（萃取剂）

将其从原溶剂中提取出来的方法叫作萃取（extraction）。将两种互不相溶的液体分离的操作，叫作分液（separation）。分液常用的仪器为分液漏斗，其使用方法如图3.5所示。

检漏：关闭分液漏斗的旋塞，向漏斗内注入适量蒸馏水，竖立一段时间，观察旋塞的两端以及漏斗的下口处是否漏水。将旋塞旋转180°后再竖立观察，倒置漏斗一段时间，观察顶塞是否漏水。以上操作均不漏水方可使用。

图 3.5 | 萃取

萃取：自上口依次装入被萃取液和萃取剂，盛装液体的体积应小于分液漏斗容积的1/2，塞好顶塞。右手压住分液漏斗口部，左手握住活塞部分，把分液漏斗倒转过来振荡，使两种液体充分接触，振荡后打开活塞，放出漏斗内的气体。

分液：将分液漏斗放在铁圈上，静置。待两层液体完全分层后，打开顶塞，慢慢旋开活塞，放出下层液体，然后将上层液体从上口倒出。

4. 重结晶

将含有少量杂质的晶体溶于水，再重新进行结晶，利用物质溶解度的差异，使杂质全部或大部分留在溶液中，这种提纯操作称为重结晶（recrystallization）。其首要工作是选择适当的溶剂。第一，要求杂质在此溶剂中溶解度很小或很大，易于除去；第二，被提纯的物质在此溶剂中的溶解度受温度的影响较大，能够进行冷却结晶。重结晶过程如图3.6所示。

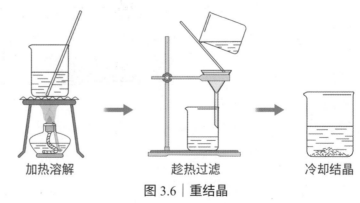

加热溶解　　　　趁热过滤　　　　冷却结晶

图 3.6 | 重结晶

5. 纸层析法

纸层析法（paper chromatography）是以滤纸为载体，用有机溶剂作为流动相，吸附在滤纸上的水或其他溶剂作为固定相，根据混合物中各组分在流动相和固定相中的溶解性不同，从而实现分离的目的。纸层析法的操作方法如下：

溶解：将样品溶于适当溶剂中得到试样溶液。

点样：取一张滤纸，剪成条状。在离滤纸末端约2 cm处用铅笔画一个小圆点或一条小细线作为起点。用毛细管取样品溶液点在起点上，晾干。

展开：如图3.7所示，在一支大试管中，加入适当的溶剂系统作展开剂。将含有试样的滤纸条伸入展开剂中，由于毛细现象，当溶剂从点样一端向另一端展开时，样品就在流动相和固定相之间不断地分配，从而使不同的物质得到分离。

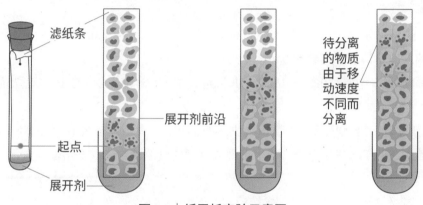

图 3.7｜纸层析实验示意图

实验 3-1 粗盐的提纯

实验目的

1. 用化学沉淀法去除粗盐中 Ca^{2+}、Mg^{2+}、SO_4^{2-}。

2. 熟练掌握溶解、过滤、蒸发等操作，认识化学方法在物质分离和提纯中的重要作用。

实验原理

粗盐中含有难溶性杂质（如泥沙等）及可溶性杂质（如 Ca^{2+}、Mg^{2+}、SO_4^{2-} 等）。

难溶性杂质可通过过滤方法除去，可溶性杂质可通过化学方法处理。在粗盐溶液中加入 $BaCl_2$ 溶液可除去 SO_4^{2-}；Mg^{2+} 可加入 NaOH 溶液除去；Ca^{2+} 和多余的 Ba^{2+} 可用 Na_2CO_3 溶液除去，盐酸可除去过量的 NaOH 和 Na_2CO_3 并调节溶液的pH。最后通过蒸发结晶得到精盐。

实验用品

天平、药匙、量筒、烧杯、玻璃棒、胶头滴管、漏斗、滤纸、蒸发皿、坩埚钳、铁架台、石棉网、酒精灯、火柴。

粗盐、蒸馏水、0.1 mol/L $BaCl_2$ 溶液、20% NaOH 溶液、饱和 Na_2CO_3 溶液、6 mol/L HCl 溶液、pH试纸。

实验步骤

1. 用天平称取5 g粗盐，放入100 mL 烧杯中，然后加入20 mL 蒸馏水，用玻璃棒搅拌，使粗盐全部溶解，得到粗盐水。

2. 向粗盐水中滴加0.1 mol/L $BaCl_2$ 溶液2~3 mL，使 SO_4^{2-} 与 Ba^{2+} 完全反应生成 $BaSO_4$ 沉淀，将烧杯静置。

3. 静置后，沿烧杯壁向上层清液中继续滴加2~3滴 $BaCl_2$ 溶液，若溶液不出现浑浊，则表明 SO_4^{2-} 已沉淀完全；若出现浑浊，则应继续滴加 $BaCl_2$ 溶液，直至 SO_4^{2-} 沉淀完全。

4. 向粗盐水中滴加20% NaOH 溶液约0.25 mL（5滴），使 Mg^{2+} 与 OH^- 完全反应生成 $Mg(OH)_2$ 沉淀；然后滴加饱和 Na_2CO_3 溶液2~3 mL，使 Ca^{2+}、Ba^{2+} 与 CO_3^{2-} 完全反应生成沉淀。

5. 用与第3步类似的方法分别检验 Mg^{2+}、Ca^{2+} 和 Ba^{2+} 是否沉淀完全。

6. 将烧杯静置，然后过滤，除去生成的沉淀和不溶性杂质。

7. 向所得滤液中滴加6 mol/L HCl 溶液，用玻璃棒搅拌，直到没有气泡冒出，并用pH试纸检验，使滤液呈中性或微酸性。

8. 将滤液倒入蒸发皿中，用酒精灯加热，同时用玻璃棒不断搅拌。当蒸发皿中出现较多固体时，停止加热，利用蒸发皿的余热使滤液蒸干。

9. 用坩埚钳将蒸发皿夹持到石棉网上冷却，即得到去除了杂质离子的精盐。

上述实验过程如图3.8所示。

▶ 图 3.8 │ 用化学沉淀法去除粗盐中的杂质离子

1. 本实验中加入试剂的顺序是什么？按照其他顺序加入试剂能否达到同样的目的？

2. 写出实验中所有反应的离子方程式。

3. 为什么每次所加的试剂都要略微过量？第7步加入盐酸的目的是什么？

 知识拓展

利用离子反应除去杂质的思路和方法

1. 分析物质组成，确定要保留的物质和需要除去的杂质。

2. 明确要保留的物质和需要除去的杂质之间的性质差异。

3. 选择能使杂质离子转化为气体或沉淀的物质作为除杂试剂。除杂试剂不能影响要保留的离子，且应适当过量。

4. 分析因除杂试剂过量而引入的新杂质如何除去。

5. 综合考虑原有杂质离子和可能新引入的杂质离子，确定试剂添加顺序和实验操作步骤。

实验 3-2 从海带中提取碘

实验目的

1. 学习萃取、过滤的操作及有关原理。
2. 了解从海带中提取碘的过程。

实验原理

海带中含有丰富的碘元素，其主要的存在形式为化合态（有机碘化物）。经灼烧后，灰烬中的碘可转化为能溶于水的无机碘化物。碘离子具有较强的还原性，可被一些氧化剂氧化成碘单质。例如，$H_2O_2 + 2H^+ + 2I^- = I_2 + 2H_2O$，生成的碘单质在四氯化碳中的溶解度大约是在水中溶解度的85倍，且四氯化碳与水互不相溶，因此可用四氯化碳把生成的碘单质从水溶液中萃取出来。

实验用品

烧杯、试管、坩埚、坩埚钳、铁架台、三脚架、泥三角、玻璃棒、酒精灯、量筒、胶头滴管、天平、刷子、剪刀、漏斗、滤纸。

干海带、3% H_2O_2 溶液、3 mol/L H_2SO_4 溶液、酒精、淀粉溶液、CCl_4、蒸馏水。

实验步骤

1. 称取3 g干海带，用刷子把干海带表面的附着物刷净。将海带剪成小块，用酒精润湿后，放在坩埚中。

2. 在通风橱中，用酒精灯灼烧盛有海带的坩埚，至海带完全成灰，停止加热，冷却。

3. 将海带灰转移到小烧杯中，向烧杯中加入10 mL蒸馏水，搅拌，煮沸2~3 min，过滤。

4. 向滤液中滴加几滴硫酸，再加入约1 mL H_2O_2 溶液。观察现象。

5. 取少量上述滤液，滴加几滴淀粉溶液。观察现象。

6. 向剩余的滤液中加入1 mL CCl_4，振荡，静置。观察现象。

7. 回收溶有碘的 CCl_4。

上述实验过程如图3.9所示。

▶ 图3.9 | 海带提碘

交流研讨

1. 灼烧海带的作用是什么？除了灼烧之外，还可以采用其他方法来处理海带吗？
2. 碘元素在整个实验中是如何转化的？
3. 萃取实验中，若要使碘尽可能地完全转移到 CCl_4 中，应如何操作？

 知识拓展

从海带中提取碘的工业生产

海水中碘的总储量很大，但由于其浓度很低，目前工业上并不直接通过海水提取碘，而是以具有富集碘能力的海藻（如海带等）为原料获取碘。工业上从海带中提取碘的生产过程如图3.10所示。

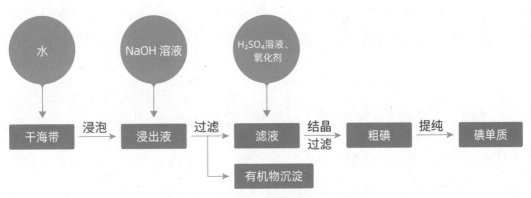

图 3.10 | 从海带中提取碘的工业生产

实验 3-3 菠菜中色素的提取与分离

实验目的

1. 了解利用纸色谱法分离物质的原理和操作。
2. 学会根据物质的性质选择合适的溶剂。
3. 了解从植物中提取有机化合物的一般方法。

叶绿素a（$C_{55}H_{72}O_5N_4Mg$，蓝绿色）、叶绿素b（$C_{55}H_{70}O_6N_4Mg$，黄绿色）和胡萝卜素（$C_{40}H_{56}O$，橙黄色）均易溶于石油醚等非极性溶剂，叶黄素（$C_{40}H_{56}O_2$，黄色）较易溶于乙醇等极性溶剂，在石油醚中溶解性较小，石油醚和乙醇可以混溶。因此，可以选择石油醚-乙醇混合溶剂来提取菠菜中的色素，然后用水洗去乙醇和少量易溶于水的杂质，得到色素的石油醚溶液，再通过纸色谱法进行分离。

实验用品

研钵、锥形瓶、漏斗、烧杯、铁架台、玻璃棒、分液漏斗、滤纸、毛细管、大头针、试管。

菠菜、石油醚、乙醇、丙酮、无水硫酸钠、蒸馏水。

实验步骤

1. 菠菜中色素的提取

（1）取10 g菠菜切成小块，用研钵迅速、充分地研磨，装入锥形瓶中。

（2）向锥形瓶中加入10 mL石油醚-乙醇混合溶剂（体积比为1:1），塞上橡胶塞，振荡。

（3）将一小团棉花放在漏斗颈部，过滤浸取液。

（4）将滤液移入分液漏斗，用10 mL水洗涤两次，以除去乙醇及浸取液中的少量水溶性物质。注意不要剧烈振荡，以防止乳化；静置，弃去下层的水-乙醇层，将上层的石油醚溶液移至干燥的小锥形瓶中。

（5）加入少量无水硫酸钠，干燥，备用。

2. 色素的分离

（1）取一张滤纸裁成1.5 cm × 20 cm大小的长方形形状，注意使滤纸纤维呈竖直走向。

（2）在距滤纸的一端约2 cm处，用铅笔画一条直线作为起点线，用毛细管吸取菠菜中色素的提取液在起点线中部点样，并使斑点尽可能小。如果色斑颜色很浅，待溶剂完全挥发后，再吸取提取液重新点在同一位置上。

（3）如图3.11所示，溶剂完全挥发后，用大头针将滤

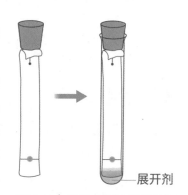

——展开剂

图 3.11 | 用纸色谱法分离色素

纸的另一端钉在橡胶塞上。将滤纸点样一端向下直立于盛有体积比为8:1的石油醚-丙酮混合试剂的大试管中，注意滤纸应浸入展开剂，展开剂的液面应低于色斑。塞紧橡胶塞，静置，观察展开过程。

（4）当展开剂上升至距滤纸上沿约1 cm处时，取出滤纸，用铅笔在展开剂前沿处画一条线。晾干后，仔细观察每个色斑的位置。

上述实验过程如图3.12所示。

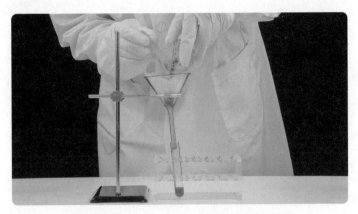

▶ 图 3.12 │ 菠菜中色素的提取与分离

交流研讨

1. 运用纸色谱法在分离物质的过程中应注意哪些事项？
2. 请你归纳从植物中提取某些成分的一般方法以及应该考虑的问题。

实验 3-4 海水的蒸馏

实验目的

了解蒸馏操作的原理，掌握蒸馏分离混合物的方法。

实验原理

海水的化学成分复杂，含有较多盐类，如 $NaCl$、KCl、$MgSO_4$ 等。通过蒸馏的方法，可以将海水淡化。盐溶液的浓度不同，密度也不同。不同温度、地域、深度的海水密度略有差别，其范围一般为1.022~1.025 g/cm^3。因此通过测量和比较海水与蒸馏水的密度，可知本实验蒸馏提纯的效果。

实验用品

蒸馏烧瓶、牛角管、锥形瓶、冷凝管、量筒、玻璃棒、钻玻璃、试管、胶头滴管、沸石、铁架台、石棉网、酒精灯、温度计、密度计。

海水（模拟海水）、铂丝、稀硝酸、$AgNO_3$ 溶液、稀硫酸、$BaCl_2$ 溶液。

实验步骤

1. 海水的性质

（1）观察海水的外观并测其密度。向量筒中加入50 mL海水，小心放入密度计，测量海水的密度，记录数据。用同样的方法测量蒸馏水的密度，记录数据。

（2）设计实验检验海水中的某些离子。

2. 蒸馏

（1）在蒸馏烧瓶中加入50 mL海水，加入几粒沸石，以防止加热时暴沸。

（2）按图3.13所示连接好蒸馏装置，从冷凝管下口通入冷水。

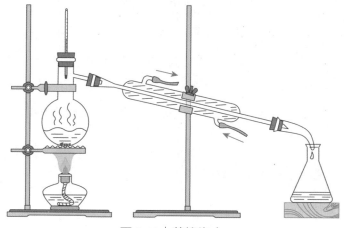

图 3.13 | 蒸馏海水

（3）小心加热，观察蒸馏烧瓶中发生的现象以及温度计示数的变化。当蒸馏水从冷凝管进入锥形瓶时，记录此时的温度。待收集到约10 mL蒸馏水时，即停止加热，稍后关闭冷凝水。

3. 检验制得的蒸馏水

（1）检验产物中的 Na^+、K^+、Cl^-、SO_4^{2-}（表3.1）。

表 3.1｜产物中 Na^+、K^+、Cl^-、SO_4^{2-} 的检验方法

离子	检验方法
Na^+	先将灼烧后的铂丝蘸取蒸馏水，再于酒精灯外焰上灼烧，观察火焰的颜色
K^+	先将灼烧后的铂丝蘸取蒸馏水，再于酒精灯外焰上灼烧，透过蓝色的钴玻璃，观察火焰的颜色
Cl^-	取2~3 mL 蒸馏水置于试管中，先滴入几滴稀硝酸，再滴入几滴 $AgNO_3$ 溶液，观察现象
SO_4^{2-}	取2~3 mL 蒸馏水置于试管中，先滴入几滴稀盐酸，再滴入几滴 $BaCl_2$ 溶液，观察现象

（2）将几组所得蒸馏水倒入100 mL量筒中，至50 mL左右时，小心放入密度计，测量其密度。

分析本次蒸馏提纯的效果。

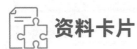
交流研讨

1. 在粗盐提纯的实验中，使用了蒸发的方法；海水淡化的实验中，使用了蒸馏的方法，试比较这两种方法有什么不同。

2. 查阅资料，小结海水淡化的方法及前景。

资料卡片

海水中的化学元素

由于与岩石、大气和生物的相互作用，海水中溶解和悬浮着大量的无机物和有机物。海水中含量最多的O、H两种元素，加上 Cl、Na、Mg、S、Ca、K、Br、C、Sr、B、F 等11种元素，总含量超过99%，其他元素为微量元素。虽然海水中元素的种类很多，总储量很大，但许多元素的富集程度却很低。例如，海水中金元素的总储量约为 5×10^6 t，而1 t海水中金元素的含量仅为 4×10^{-6} g。海洋还是一个远未充分开发的巨大化学资源宝库。

3.2 物质的检验与鉴别

在生产、生活和科学研究中，人们经常需要知道物质中存在的元素或结构（如官能团），即对物质进行检验；抑或是需要区分几种不同的物质，即对物质进行鉴别。进行物质的检测时，可根据物质的物理性质进行判断，如颜色、气味、水溶性、熔点、焰色等；也可根据物质或组成物质的离子、基团等的化学性质来设计实验方案，如酸碱性、颜色的改变、沉淀的生成和溶解等，通过分析实验产生的现象得出合理的结论。以下对常见的阳离子（表3.2）、阴离子（表3.3）及有机物（表3.4）的检验方法进行介绍。

表 3.2 | 常见阳离子的检验

阳离子	检验方法	主要现象
NH_4^+	向待测液中加入浓 NaOH 溶液并加热，将湿润的红色石蕊试纸靠近试管口	试纸由红色变为蓝色
Al^{3+}	向待测液中依次加入醋酸和铝试剂，振荡后水浴加热，再滴加氨水	产生红色絮状沉淀
	向待测液中逐滴加入 NaOH 溶液至过量	先生成白色沉淀，后沉淀溶解
Zn^{2+}	向待测液中依次加入 NaOH 溶液和二苯硫腙，振荡后水浴加热	溶液呈粉红色
Fe^{3+}	向待测液中滴加 KSCN 溶液或苯酚溶液	溶液变成红色或紫色
	向待测液中滴加 NaOH 溶液	生成红褐色沉淀
Fe^{2+}	向待测液中先加入稀盐酸酸化，再滴加 $K_3[Fe(CN)_6]$ 溶液	产生蓝色沉淀
	向待测液中滴加 NaOH 溶液	先产生白色沉淀，后迅速变成灰绿色，最终变成红褐色
	向待测液中依次加入 KSCN 溶液和氯水溶液	加入 KSCN 溶液无明显现象，加入氯水后溶液立即显红色
Na^+	用洁净的铂丝蘸取待测液，在酒精灯外焰上灼烧	火焰呈黄色
K^+	用洁净的铂丝蘸取待测液，在酒精灯外焰上灼烧，透过蓝色钴玻璃观察火焰颜色	火焰呈紫色

阳离子	检验方法	主要现象
Ca^{2+}	用洁净的铂丝蘸取待测液，在酒精灯外焰上灼烧	火焰呈砖红色
	向待测液中先加入醋酸酸化，再滴加饱和 $(NH_4)_2C_2O_4$ 溶液	产生白色沉淀
Mg^{2+}	向待测液中依次加入 NaOH 溶液和镁试剂	产生天蓝色沉淀
Cu^{2+}	向待测液中滴加浓氨水	先产生蓝色沉淀，后沉淀溶解成深蓝色溶液
Ba^{2+}	向待测液中先加入稀硝酸酸化，再滴加稀硫酸	加入稀硝酸无明显现象，滴加稀硫酸产生白色沉淀
Pb^{2+}	向待测液中依次滴加醋酸和 K_2CrO_4 溶液	产生黄色沉淀

表 3.3 ｜ 常见阴离子的检验

阴离子	检验方法	主要现象
卤素离子X$^-$	向待测液中先加入稀硝酸酸化，再滴加 $AgNO_3$ 溶液	生成白色沉淀：含 Cl$^-$；生成浅黄色沉淀：含Br$^-$；生成黄色沉淀：含 I$^-$
I$^-$	向待测液中先加入CCl_4，再逐滴加入氯水，边加边振荡	CCl_4层出现紫色
S^{2-}	向待测液中加入稀盐酸，将湿润的 $Pb(CH_3COO)_2$ 试纸靠近试管口	试纸变黑
CO$_3^{2-}$	向待测液中加入过量稀盐酸，将生成的气体通入澄清石灰水中	加入稀盐酸有无色无味的气体产生，且该气体使澄清石灰水变浑浊
SO$_4^{2-}$	向待测液中先加入稀盐酸酸化，再滴加 $BaCl_2$ 溶液	产生白色沉淀
SO$_3^{2-}$	向待测液中依次加入稀盐酸和品红溶液	品红溶液很快褪色
NO$_3^-$	向待测液中先加入新制的 $FeSO_4$ 晶体，再加入浓硫酸	在 $FeSO_4$ 晶体周围形成棕色环
NO$_2^-$	向待测液中依次加入醋酸、氨基苯磺酸，放置片刻，再滴加 α-萘胺	溶液立即变成红色
PO$_4^{3-}$	在滤纸上同一处依次滴加待测液、$(NH_4)_2MoO_4$ 的硼酸溶液、联苯胺试剂和 CH_3COONa 溶液	出现蓝色斑点或轮圈

表 3.4 │ 常见有机物的检验

有机物	检验方法	主要现象
烯烃/炔烃	向待测液中加入溴水或酸性高锰酸钾溶液	溴水或酸性高锰酸钾溶液褪色
苯	向待测液中加入溴水	溶液分层，上层为棕红色油状液体，下层为浅黄色液体
卤代烃	将待测液与 NaOH 溶液共热，再依次加入稀硝酸和 $AgNO_3$ 溶液	产生白色或黄色沉淀
醇	将灼烧后的铜丝伸入待测液中	铜丝由黑色变为红色，且产生刺激性气味
醛	向待测液中加入新制的 $Cu(OH)_2$ 悬浊液，加热	产生砖红色沉淀
	向待测液中加入银氨溶液，水浴加热	产生光亮的银镜
酚	向待测液中滴加 $FeCl_3$ 溶液	溶液显紫色
	向待测液中滴加浓溴水	产生白色沉淀
羧酸	向待测液中加入石蕊溶液	溶液变成红色
	向待测液中加入 $NaHCO_3$ 溶液	产生无色无味的气体
酯	向待测液中加入 NaOH 溶液，加热	加热前溶液分层，上层为油状液体，加热后不分层
淀粉	滴加碘水	溶液变成蓝色
葡萄糖	加入新制的 $Cu(OH)_2$ 悬浊液，加热	产生砖红色沉淀
蛋白质	滴加浓硝酸，加热	滴加浓硝酸有白色沉淀产生，加热后沉淀变成黄色
	灼烧	产生烧焦羽毛的气味

　　上述我们通过实验，利用物质在化学反应中所表现出的性质来检测、鉴别物质。在科研和生产实际中，常常使用特定的仪器，通过检测物质的某种物理性质或化学性质达到检验、鉴别的目的。例如，色谱分析仪利用混合物中不同组分在同一固定相中溶解、吸附、分配、交换等作用的不同，以电信号反映出来，从而达到检出混合物中各组分的目的。红外光谱基于不同结构的物质对红外光吸收情况的不同，通过测试和

记录物质的红外吸收光谱曲线，达到检测物质的目的。质谱仪利用分子受高能电子流轰击时裂解为具有不同质量的分子离子、碎片离子，测得相对分子质量和分子结构信息。核磁共振谱仪则记录下磁场中样品的原子核与电磁波相互作用产生的核磁共振信号，信号的位置和强度提供了分子结构、分子运动等信息。红外光谱、质谱和核磁共振谱常用于有机物的结构分析，例如，图3.14是乙醇的几种图谱。

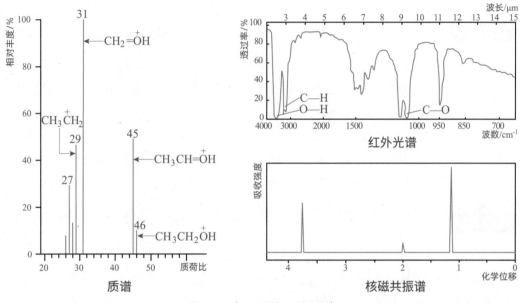

图 3.14 | 乙醇的几种图谱

红外光谱、质谱和核磁共振谱等谱学方法是利用物理性质对物质进行分析的方法，属于物理方法。其中光谱法依据的是分子或原子对光的吸收或发射特征，经过适当的装置处理后，获得相应的吸收或发射光谱。谱图上峰的位置、强度等，提供了物质的结构、含量等信息，可对物质进行结构分析、定性检测和定量测定等。

光谱仪一般由光源、单色器、样品池、检测器、数据处理和图谱显示器组成，如图3.15所示。由于每种谱仪所依据的性质不同，通常要对各种谱图所提供的信息进行分析、推断，才能得出结论。

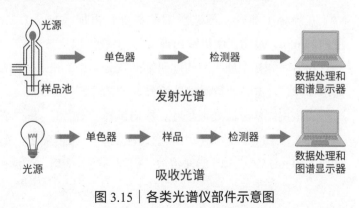

图 3.15 | 各类光谱仪部件示意图

实验 3-5 植物体中某些元素的检验

实验目的

1. 应用已学的检验离子的反应，检验生活中常见物质中的某些元素。
2. 学习利用检验离子的反应探究身边物质成分元素的一般思路和方法。

实验原理

溶液中的阴、阳离子大多能发生特征反应，根据反应现象，我们可以推知其是否存在，达到定性地检测物质中某种元素的目的。通过我们已学过的和搜索到的离子检验方法，检测植物体是否存在某些元素。

离子检验的反应一般是在溶液中进行的，而生活中的物质并不都是溶液，因此要检验某物质所含有的成分元素，常需对被检验物进行预处理，使目标元素转移到溶液中。对植物等有机物，一种常用的预处理方法就是灼烧使之灰化，然后用酸溶解。

实验用品

天平、坩埚、电炉、烧杯、量筒、研钵、漏斗、铁架台、玻璃棒、药匙、滤纸、剪刀。
2 mol/L HCl 溶液、浓 HNO_3、5% CH_3COOH 溶液、蒸馏水、干柏树叶、茶叶、干海带。
实验方案设计中所需的其他用品。

实验步骤

1. 待测物溶液的制备

（1）取20 g干柏树叶，剪碎后放入坩埚中，在电炉上加热灰化。所得灰分移至研钵中研细。

在烧杯中加入一药匙研细的灰分，再加入15 mL 2 mol/L HCl 溶液，搅拌后，浸泡15 min，过滤，所得浸出液编号为"柏叶1"。

在另一烧杯中加入一药匙研细的灰分，用2 mL浓 HNO_3 使其溶解，再加入30 mL蒸馏水稀释，过滤，所得浸出液编号为"柏叶2"。

（2）用同样方法处理茶叶，取得试样"茶叶1"和"茶叶2"。

（3）取10 g海带放入坩埚中，在电炉上加热灰化。在烧杯中加入一药匙海带灰，再加入10 mL 5% CH_3COOH 溶液，稍加热使其溶解，过滤，所得滤液编号为"海带"。

2. 待测物中某些成分元素的检验

根据下述要求，自行设计实验方案：

（1）检验试样"柏叶1"和"茶叶1"中的Ca^{2+}、Fe^{2+}、Al^{3+}。

（2）检验试样"柏叶2"和"茶叶2"中的PO_4^{3-}。

（3）检验"海带"试样中的碘。

检验某些元素的实验现象如图3.16所示。

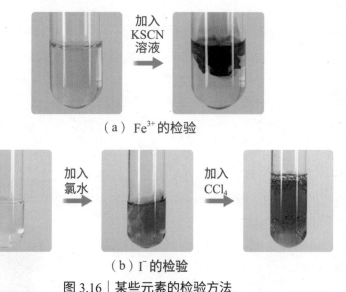

（a）Fe^{3+}的检验

（b）I^-的检验

图 3.16 | 某些元素的检验方法

注意事项

1. 检验金属离子混合溶液时，常需先将混合溶液进行分离，以避免干扰。

2. 待测样品溶液在预处理过程中加入了一定量的酸，设计实验时，注意考虑检验反应对酸碱条件的要求。

交流研讨

本实验在制备待测物溶液时，根据欲测元素的不同，选用不同的酸溶解灰分，试推测其中的原因。

拓展实验

1. 检验其他海藻类物质（如海白菜、裙带菜、紫菜等）中是否含碘。

2. 检验不同蔬菜或水果中是否含 Ca、Fe、Zn、Na、K（可自行增减）等人体所需元素。

3. 选定一种标明补充某元素的"保健食品"，检验其中是否含有该元素。

4. 检验市售松花蛋是否含铅元素，或检验油条中是否含铝元素。

5. 根据你居住地周边的资源或环境情况，自拟检验物质成分元素的其他研究课题。

实验 3-6 阿司匹林药品有效成分的检验

实验目的

1. 检验阿司匹林有效成分中的羧基和酯基。

2. 体验综合利用化学知识和实验技能，解决实际问题及探究未知物质的过程和乐趣。

实验原理

阿司匹林的有效成分是乙酰水杨酸（  ），分子结构如图3.17所示。

乙酰水杨酸中有羧基，具有羧酸的性质；同时还有酯基，在酸性或碱性条件下能发生水解，通过实验可检验乙酰水杨酸中的羧基和酯基。

实验用品

研钵、烧杯、玻璃棒、胶头滴管、试管、酒精灯、铁架台。

阿司匹林片、蒸馏水、石蕊溶液、稀硫酸、Na_2CO_3 溶液、$FeCl_3$ 溶液。

图 3.17 | 乙酰水杨酸分子结构模型

实验步骤

1. 样品的处理

将一片阿司匹林片研碎后加入适量水中，振荡后静置，取上层清液。

2. 羧基和酯基官能团的检验

（1）向两支试管中各加入2 mL清液。

（2）向其中一支试管中滴入2滴石蕊溶液，观察现象。向另一支试管中滴入2滴稀硫酸，加热后滴入几滴 Na_2CO_3 溶液，振荡。再向其中滴入几滴 $FeCl_3$ 溶液，振荡，观察现象。

上述实验过程如图3.18所示。

（a）使石蕊溶液变色　　　　（b）水解后与$FeCl_3$溶液反应

▶ 图 3.18 ｜阿司匹林药品有效成分的检验

交流研讨

1. 在实验中，你是怎样检验乙酰水杨酸中的酯基的？这使你对检验官能团的方法有了哪些新的认识？

2. 查阅资料，小结阿司匹林的适应病症和功效。

 知识拓展

阿司匹林的合成

阿司匹林属于非甾体类抗炎药。有较强的解热、镇痛、抗炎的作用，是三大经典药物之一。通常阿司匹林以水杨酸和醋酐为原料，在浓硫酸的催化作用下进行酰化反应而得，反应原理如图3.19所示。但此反应具有设备腐蚀严重、副反应多、反应用时长等缺点，因此研究者对阿司匹林的催化方法进行改造，如有机酸催化、有机碱催化、无机碱催化、微波催化、超声催化、离子液体催化、碘单质催化等，以期得到一种绿色经济产量高的合成方法。

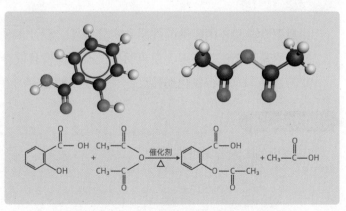

▶ 图 3.19 ｜制取阿司匹林的反应原理

实验 3-7 亚硝酸钠和食盐的鉴别

实验目的

1. 认识亚硝酸钠和食盐的性质，并利用性质差异设计实验进行鉴别。
2. 学习利用性质鉴别物质的一般思路和方法。

实验原理

1. 溶液的酸碱性。食盐是强酸强碱盐，其水溶液呈中性；而亚硝酸钠是弱酸强碱盐，其水溶液呈碱性。

$$NO_2^- + H_2O \rightleftharpoons HNO_2 + OH^-$$

2. 亚硝酸的生成及不稳定性。亚硝酸钠溶液与酸反应生成亚硝酸，亚硝酸易分解生成红棕色的 NO_2。

$$NO_2^- + H^+ = HNO_2$$

$$2HNO_2 = NO\uparrow + NO_2\uparrow + H_2O$$

3. 亚硝酸钠的氧化性。亚硝酸钠与还原剂反应时，表现出氧化性。如亚硝酸钠可在酸性条件下把 I^- 氧化为 I_2。

$$2NO_2^- + 4H^+ + 2I^- = 2NO\uparrow + I_2 + 2H_2O$$

实验用品

试管、玻璃棒、玻璃片、胶头滴管。
工业盐（$NaNO_2$）、食盐（$NaCl$）、蒸馏水、稀硫酸。

实验方案设计

1. 根据食盐和亚硝酸钠的性质和实验条件，设计多种实验方案进行鉴别。
2. 应尽量选择试剂易得、现象明显、操作简便且安全的实验。
3. 若选择 Fe^{2+} 进行氧化还原反应，可使用较稳定的 $(NH_4)_2Fe(SO_4)_2$ 溶液。

实验方案实施

表3.5中的实验方案可供参考。

表 3.5 | 亚硝酸钠和食盐的鉴别方法

实验内容	实验现象	实验结论
1. 取两种固体于玻璃片上，对比其颜色及透明度	其中一种固体颜色更白，且透明度更低	颜色更白且透明度更低的固体为食盐，另一种为亚硝酸钠
2. 取两种等量固体分别溶于等量蒸馏水中，用玻璃棒蘸取溶液于pH试纸上，观察现象	一种溶液在pH试纸上显黄色，另一种显蓝色	显黄色对应的固体为食盐，显蓝色对应的固体为亚硝酸钠
3. 取两种等量固体分别溶于等量蒸馏水中，再分别加入等量稀硫酸，观察现象	其中一种溶液上方产生红棕色气体	产生红棕色气体对应的固体为亚硝酸钠，另一种为食盐

上述实验过程如图3.20所示。

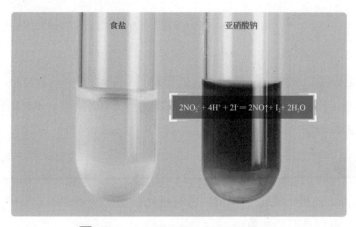

图 3.20 | 亚硝酸钠和食盐的鉴别

交流研讨

1. 以上设计的各种实验方案中，你觉得哪一种最简便、实验效果最好？

2. 如果需要鉴别下列两组物质，你将考虑使用哪种实验方案？列出主要实验步骤和需要的仪器、试剂。

（1）Na_2CO_3、$NaCl$、Na_2SO_4、$NaNO_2$ 固体。

（2）$NaNO_2$、$NaCl$、$NaNO_3$ 溶液。

实验 3-8 利用官能团性质鉴别有机化合物

实验目的

1. 加深对有机化合物中常见官能团性质的认识。
2. 通过官能团检验，鉴别乙醇、乙醛、乙酸、苯酚。

实验原理

不同的有机化合物具有不同的性质，这些性质主要由其分子中的官能团决定。利用不同类别官能团的特性，通过化学反应进行鉴别。例如，醛类的官能团醛基能被新制的 $Cu(OH)_2$ 氧化，生成砖红色沉淀；羧酸的官能团羧基具有酸性，乙酸能与 $NaHCO_3$ 溶液反应生成 CO_2 气体等。

实验用品

试管、胶头滴管、铁架台、酒精灯、试管架。

待鉴别试剂（乙醇溶液、乙醛溶液、乙酸溶液、苯酚溶液）、$FeCl_3$ 溶液、$NaHCO_3$ 溶液、10% NaOH 溶液、2% $CuSO_4$ 溶液。

实验方案设计

1. 分析乙醇、乙醛、乙酸、苯酚四种有机化合物中的官能团，明确含有这些官能团的有机化合物可能具有的性质。
2. 选择用于鉴别四种物质的化学反应。
3. 给样品编号，设计实验操作过程，用实验流程图说明操作方案，完成鉴别。

实验方案实施

表3.6中的实验方案可供参考。

表 3.6 | 利用官能团性质鉴别有机化合物

实验内容	实验现象及结论
1. 取四种溶液分别于四支试管中，再分别滴入几滴 $FeCl_3$ 溶液，观察现象	反应液呈紫色对应的溶液为苯酚溶液
2. 取剩余三种溶液分别于三支试管中，再分别滴入 $NaHCO_3$ 溶液，观察现象	产生无色气泡对应的溶液为乙酸溶液
3. 取剩余两种溶液分别于两支试管中，再分别加入新制的 $Cu(OH)_2$ 溶液，加热，观察现象	产生砖红色沉淀对应的溶液为乙醛，剩余的溶液为乙醇

上述实验过程如图3.21所示。

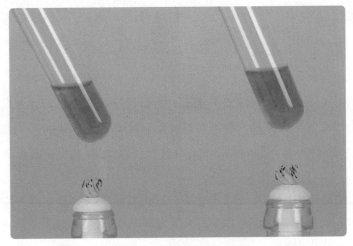

▶ 图 3.21 | 利用官能团性质鉴别有机化合物

交流研讨

如果你所需检测的是乙醇和乙酸乙酯的混合物、淀粉和葡萄糖的混合物，你怎样检出它们？需要分离吗？说明原因。

3.3 化学反应条件的控制

化学反应都是在一定条件下进行的，反应的现象、结果都与实验条件密切相关。因此，对于每一个具体的化学实验而言，控制好实验的条件极其重要，是达到实验目标、完成实验的关键。例如，二氧化硫的催化氧化、氨的合成反应等，都需要严格控制反应的温度、压强，选择合适的催化剂，确定反应物的配比，才能使物质制备的过程得以顺利进行。

 **资料卡片**

对比实验法

对比实验法是以认识不同研究对象之间的共同性和差异性为基本思路的一种实验方法。它是通过对事物的异同点进行对照比较，发现并揭示事物的内在本质和规律，从而达到全面深刻地认识事物的目的，同时也为改进、开发和设计实验提供重要的思路。

运用对比实验法常常需要通过平行实验或先后的系列实验作观察、对比来分析影响的因素，如通过实验研究不同浓度对反应速率的影响。值得注意的是，在比较某一因素对实验产生的影响时，必须排除其他因素的变动和干扰，即需要控制好与实验有关的各项反应条件。

实验 3-9 蓝瓶子实验

实验目的

1. 了解控制化学反应条件的作用。

2. 通过观察亚甲基蓝和亚甲基白在不同条件下的相互转化，学习观察方法，体验对比实验法。

在碱性溶液中，蓝色亚甲基蓝很容易被葡萄糖还原为无色亚甲基白。振荡此无色溶液时，溶液与空气的接触面积增大，溶液中 O_2 的溶解量就增多，O_2 把亚甲基白氧化为亚甲基蓝，溶液又呈蓝色。

$$\text{亚甲基蓝} \xrightleftharpoons[\text{被氧气氧化}]{\text{被葡萄糖还原}} \text{亚甲基白}$$

静置此溶液时，有一部分溶解的 O_2 逸出，亚甲基蓝又被葡萄糖还原为亚甲基白。若重复振荡和静置溶液，其颜色交替出现蓝色—无色—蓝色—无色……的现象，这称为亚甲基蓝的化学振荡。它是反应体系交替发生还原与氧化反应的结果。由蓝色出现至变成无色所需要的时间是振荡周期，振荡周期的长短受反应条件如溶液的酸碱度、反应物浓度和温度等因素的影响。当反应受到多个因素影响时，通常采用只改变某个因素，而维持其他因素不变的对照实验法来进行研究。

实验用品

锥形瓶、试管、胶头滴管、橡胶塞、烧杯、酒精灯、量筒、天平、温度计、药匙、秒表。

0.1%亚甲基蓝溶液、30% NaOH 溶液、葡萄糖、蒸馏水。

实验步骤

1. 在锥形瓶中加入50 mL蒸馏水，溶解1.5 g葡萄糖，逐滴滴入8~10滴0.1%亚甲基蓝至溶液呈蓝色。振荡锥形瓶，观察并记录现象。

2. 加入2 mL 30% NaOH 溶液，振荡、静置锥形瓶，观察并记录现象。再振荡锥形瓶至溶液变蓝，又静置锥形瓶，连续记录两次振荡周期。

3. 把锥形瓶中的溶液分别倒入两支试管并编号：①号试管装满溶液并用橡胶塞塞紧；②号试管只装半试管溶液并用橡胶塞塞紧。同时振荡两试管，观察现象，对有颜色变化的试管，连续记录两次振荡周期。

4. 把①号试管中的溶液分一半到③号试管中，再向③号试管中滴加2滴0.1%亚甲基蓝，塞好两支试管。同时振荡，静置试管，观察现象并记录振荡周期。

5. 把①号、③号试管置于40 ℃的水浴中，约10 min后，再振荡，静置试管于水浴中，观察现象并记录振荡周期。

6. 上述实验过程如图3.22所示。实验结束时，集中回收反应溶液，留作以后使用。

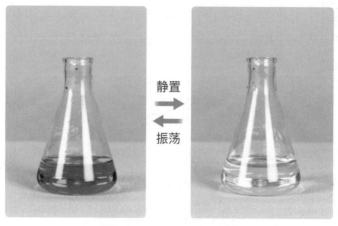

▶ 图 3.22 │ 蓝瓶子实验

注意事项

1. 振荡锥形瓶中液体的方法：用拇指、食指和无名指拿住锥形瓶口，用手腕轻轻画圈摇动锥形瓶中的液体。

2. 水浴加热时温度计应放在水浴的中间位置，控制温度在40 ℃左右。

3. NaOH 溶液的浓度最好控制在30%左右，过稀，反应慢；过浓，腐蚀性太强，有潜在的安全问题。

4. 水浴的温度不宜太高，否则振荡的周期过短，不利于记录实验现象。

交流研讨

1. 实验步骤1和步骤2的目的是什么？

2. 本实验探究了哪些因素对亚甲基蓝振荡反应的影响？请设计探究其他因素对此反应影响的实验方案。

拓展实验

红瓶子实验：按照上述的实验过程，将亚甲基蓝换成碱性藏花红，会发生红色—无色—红色反应。

亚甲基蓝

亚甲基蓝，分子式为 $C_{16}H_{18}ClN_3S \cdot 3H_2O$，结构如图3.23所示，是一种吩噻嗪盐，为暗绿色晶体，可溶于水和乙醇，不溶于醚类。亚甲基蓝在空气中较稳定，其水溶液呈碱性，有毒。

亚甲基蓝广泛应用于化学指示剂、染料、生物染色剂和药物等方面。亚甲基蓝的毒性虽然不强，但会刺激胃肠道，人体摄入会产生恶心、呕吐和腹泻等症状，吸入会引起呼吸困难、心率过快、高铁血红蛋白血症和抽搐等情况。

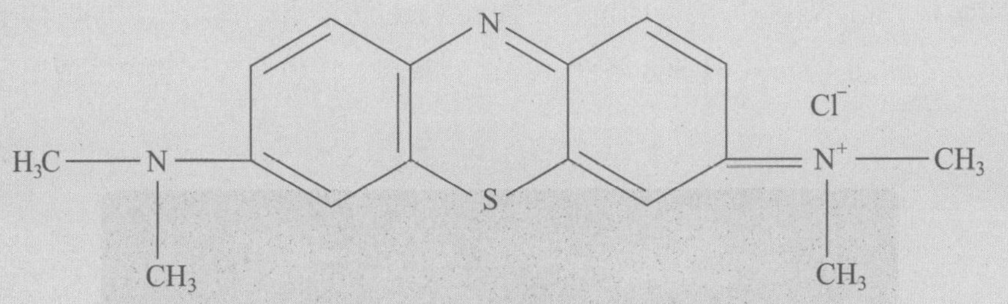

图 3.23 | 亚甲基蓝结构式

实验 3-10 硫代硫酸钠与酸反应速率的影响因素

传统实验：探究硫代硫酸钠与酸反应速率的影响因素

实验目的

1. 体验反应物的浓度、温度对化学反应速率的影响。
2. 理解改变反应条件可以调控化学反应速率。

实验原理

硫代硫酸钠与硫酸反应会生成不溶于水的硫：

$$Na_2S_2O_3 + H_2SO_4 = Na_2SO_4 + SO_2\uparrow + S\downarrow + H_2O$$

反应生成的硫单质使溶液出现乳白色浑浊，通过比较浑浊现象出现所需时间的长短，可以判断该反应进行的快慢。在不同浓度和温度条件下分别进行上述反应，并比较其反应快慢，可以看出反应物浓度和温度对该反应速率的影响。

实验用品

烧杯、试管、量筒、试管架、胶头滴管、温度计、秒表。
0.1 mol/L $Na_2S_2O_3$ 溶液、0.1 mol/L H_2SO_4 溶液、蒸馏水、热水。

实验步骤

1. 探究浓度对反应速率的影响

如图3.24所示，取两支大小相同的试管，分别加入 2 mL 和 1 mL 0.1 mol/L $Na_2S_2O_3$ 溶液，向盛有 1 mL $Na_2S_2O_3$ 溶液的试管中加入 1 mL 蒸馏水，摇匀。再同时向上述两支试管中加入 2 mL 0.1 mol/L H_2SO_4 溶液，振荡。观察、比较两支试管中溶液出现浑浊的快慢。

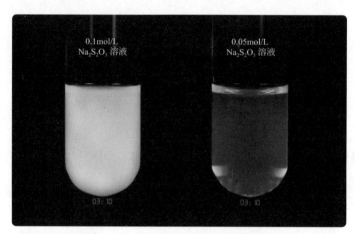

▶ 图 3.24 | 浓度对反应速率的影响

2. 探究温度对反应速率的影响

（1）取两支大小相同的试管，各加入 2 mL 0.1 mol/L $Na_2S_2O_3$ 溶液，分别放入盛有冷水和热水的两个烧杯中。再分别量取2 mL 0.1 mol/L H_2SO_4 溶液加入另外两支大小相同的试管中，将两支试管分别放入冷水和热水中，如图3.25（a）所示。静置，达到水浴温度。

（2）同时将上述同温度下的两支试管中的溶液混合，振荡。观察、比较两支试管中溶液出现浑浊的快慢，如图3.25（b）所示。

（a）混合前　　　　　　　　　　　　　　（b）混合后

▶ 图 3.25 ｜ 温度对反应速率的影响

注意事项

1. 由于采用了对比实验，操作时应注意反应物的用量尽可能相同，试管规格也要相同。

2. 尽量保证两支试管中的试剂同时发生反应，这样才能科学合理地比较溶液出现浑浊的先后顺序。

交流研讨

1. 举例说明化学反应中浓度、温度对反应速率的影响。

2. 在一定温度下，某浓度的 $Na_2S_2O_3$ 溶液与一定量的稀硫酸反应，其反应速率自始至终都保持不变吗？为什么？

数字化实验：
利用浊度传感器探究硫代硫酸钠与酸反应速率的影响因素 [1]

实验目的

1. 体验浓度、温度对化学反应速率的影响。

2. 理解改变反应条件可以调控化学反应速率。

3. 学会使用浊度传感器进行实验，体会数字化实验的优点。

---

[1] 王春. 手持技术支持下的化学反应速率探究：以稀 H_2SO_4 与 $Na_2S_2O_3$ 溶液反应为例 [J]. 中国现代教育装备，2021(16): 33-35.

硫代硫酸钠与硫酸反应会生成不溶于水的硫：

$$Na_2S_2O_3 + H_2SO_4 = Na_2SO_4 + SO_2\uparrow + S\downarrow + H_2O$$

根据无色透明的稀 H_2SO_4 和 $Na_2S_2O_3$ 溶液体系中，随着反应的进行而逐渐产生乳白色浑浊的实验现象，利用浊度传感器（turbidity sensor）实时监测不同浓度的 $Na_2S_2O_3$ 溶液和同浓度的 H_2SO_4 溶液，以及同种浓度 $Na_2S_2O_3$ 溶液和 H_2SO_4 溶液在不同温度下溶液体系中浊度随时间变化的情况，得到"浊度-时间"曲线，根据实验数据曲线分析实验结果，得出相应的实验结论。

实验用品

数据采集器、浊度传感器、安装好传感器配套软件的计算机、比色皿、洗瓶、温度计、烧杯、注射器、移液管、试管、酒精灯。

浓度分别为0.05 mol/L、0.10 mol/L、0.20 mol/L的 $Na_2S_2O_3$ 溶液，0.10 mol/L H_2SO_4 溶液，蒸馏水。

实验步骤

1. 探究浓度对反应速率的影响

（1）按图3.26所示连接好浊度传感器、数据采集器、计算机。打开计算机，运行配套的软件。

（2）打开浊度传感器，用移液管向三个比色皿中分别加入2 mL浓度为0.05 mol/L、0.10 mol/L和0.20 mol/L的 $Na_2S_2O_3$ 溶液，然后将比色皿放入浊度传感器中。

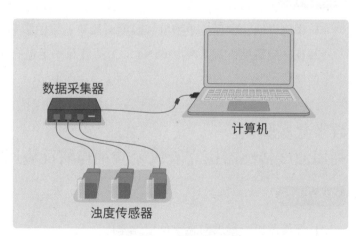

图 3.26 | 传感器测定装置

（3）同时用三支注射器向三个比色皿中分别注入2 mL浓度为0.10 mol/L的 H_2SO_4 溶液，迅速盖上浊度传感器的盖子，点击"开始"按钮，开始采集实验数据，一段时间后，得到浊度随时间的变化曲线，如图3.27所示。

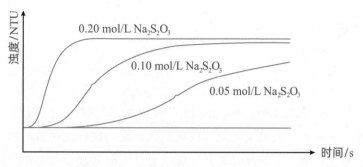

图 3.27 | 不同浓度 $Na_2S_2O_3$ 溶液与相同浓度的稀 H_2SO_4 反应数据曲线

2. 探究温度对反应速率的影响

（1）连接好计算机、数据采集器和浊度传感器等相关实验装置。打开计算机，运行配套的软件。

（2）取六支大小相同的试管，分成三组，每组各量取2 mL浓度为0.10 mol/L的稀 H_2SO_4 和 $Na_2S_2O_3$ 溶液，然后分别放入 20 ℃、30 ℃、40 ℃水中加热，用温度计监测水的温度并保持恒温状态。

（3）待温度稳定后，将稀 H_2SO_4 和 $Na_2S_2O_3$ 溶液迅速混合后倒入比色皿中，然后放入浊度传感器，迅速盖上盖子，点击"开始"按钮，开始采集实验数据，一段时间后，得到浊度随时间的变化曲线，如图3.28所示。

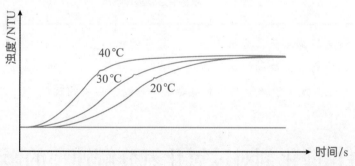

图 3.28 | 不同温度下稀 H_2SO_4 和 $Na_2S_2O_3$ 溶液反应数据曲线

交流研讨

分析实验所得的数据曲线，总结浓度、温度对化学反应速率的影响，并与同学交流。

数字化实验

数字化实验（digital information system，简称DIS），即数字化信息系统，是能够定量采集数据，并以图表的形式清晰、明确呈现出来的现代化的新型实验技术手段，主要包括传感器、数据采集器、计算机（含配套使用的软件）三部分。该系统能采集的理科数据包括电流、电压、光强度、温度、力、气压、磁场、音量、距离、pH、溶解氧、电导率、CO_2浓度、色度、相对湿度、光强度以及 Ca^{2+}、NO_3^-、NH_4^+、Cl^- 的浓度等。其工作原理为：实验装置→传感器→数据采集器→计算机端口→应用软件（数据处理），如图3.29所示。

图 3.29 | 数字化实验示意图

数字化实验集数据采集、分析于一体，具有便携、直观、实时、定量等特点。可以将化学反应的现象及本质转化为可以进行监测的信号，甚至可以将原有的定性实验转为定量实验呈现，是中学教学中非常重要的一种教学形式的改进。

实验 3-11 催化剂对过氧化氢分解速率的影响

传统实验：探究催化剂对过氧化氢分解速率的影响

实验目的

1. 体验催化剂对化学反应速率的影响。
2. 定性比较二氧化锰、氯化铁溶液对过氧化氢分解反应的催化效果。

实验原理

过氧化氢（H_2O_2）俗称双氧水，不稳定，易分解。在催化剂存在下，H_2O_2迅速分解：

$$2H_2O_2 \xrightarrow{\text{催化剂}} 2H_2O + O_2\uparrow$$

通常选用MnO_2作催化剂，此外$FeCl_3$溶液也可以催化分解H_2O_2。

H_2O_2分解会产生氧气，在有或无催化剂存在下进行对比实验，通过观察氧气产生的快慢可以看出催化剂对该反应速率的影响。

实验用品

试管、药匙、胶头滴管、试管架。

10% H_2O_2溶液、1 mol/L $FeCl_3$溶液、MnO_2粉末。

实验步骤

如图3.30所示，向三支大小相同的试管中各加入2 mL 10% H_2O_2溶液，再分别加入少量MnO_2粉末、几滴1 mol/L $FeCl_3$溶液和蒸馏水。观察、比较三支试管中气泡出现的快慢。

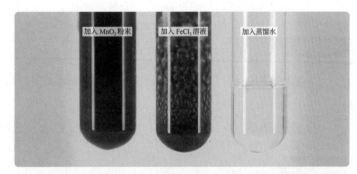

▶ 图3.30｜不同催化剂对过氧化氢分解速率的影响

交流研讨

1. 查阅资料，了解影响H_2O_2分解速率的因素。

2. 通过实验，你认为哪种物质对H_2O_2分解的催化效果较好？

3. 你认为保存H_2O_2时要注意些什么？

4. 查阅有关资料，列举化工生产中使用催化剂的实例，并分析在催化剂的选择和使用上，应该注意哪些问题。

数字化实验:
利用氧气传感器探究催化剂对过氧化氢分解速率的影响[1]

实验目的

1. 体验催化剂对化学反应速率的影响。

2. 通过传感器探究氧气浓度的变化,比较 $FeCl_3$、MnO_2 对 H_2O_2 分解反应的催化效果。

实验原理

过氧化氢(H_2O_2)俗称双氧水,不稳定,易分解。在催化剂存在下,H_2O_2 迅速分解:

$$2H_2O_2 \xrightarrow{\text{催化剂}} 2H_2O + O_2 \uparrow$$

通常选用 MnO_2 作催化剂,此外 $FeCl_3$ 溶液也可以催化分解 H_2O_2。

氧气传感器(oxygen sensor)通过测量电极接触氧气时与参比电极形成微电流,并将电流大小转换成氧气浓度数值,是一个特殊的原电池。根据过氧化氢分解可以生成氧气,借助氧气传感器实时监测体系中氧气浓度随时间变化的情况。

实验用品

数据采集器、氧气传感器、250 mL配套容器、安装好传感器配套软件的计算机、量筒、电子天平、称量纸、药匙、胶头滴管。

1% H_2O_2 溶液、0.1 mol/L $FeCl_3$ 溶液、MnO_2 粉末、蒸馏水。

实验步骤

1. 实验前将三个氧气传感器和三个配套容器分别编号为①、②、③并一一对应。依次连接氧气传感器、数据采集器和计算机。打开计算机,运行配套的软件。

2. 向三个配套容器中各加入50 mL 1% H_2O_2 溶液,再向①号配套容器中加入约0.15 g MnO_2 粉末和10 mL 蒸馏水,向②号配套容器中加入10 mL 0.1 mol/L $FeCl_3$ 溶液,向③号配套容器中加入10 mL 蒸馏水,迅速插入三个氧气传感器,点击"开始"按钮,开始采集实验数据,观察容器内反应现象以及计算机上的数据变化。一段时间

---

[1] 成昌华. 用氧气传感器探究催化剂对双氧水分解速率的影响[J]. 中小学实验与装备,2021,31(1):36-37.

后，得到氧气浓度随时间的变化曲线，如图3.31所示。

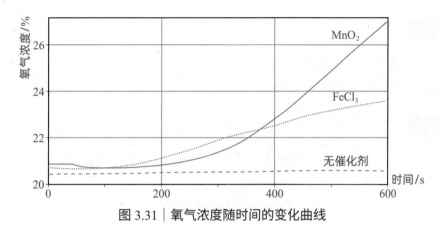

图 3.31 | 氧气浓度随时间的变化曲线

分析实验所得的数据曲线，总结不同催化剂对 H_2O_2 分解速率的影响，并与同学交流。

实验 3-12 压强对化学平衡的影响

有气体参加或生成的可逆反应，若反应前后气体体积发生变化，压强的改变就会对化学平衡的移动产生影响。可以选择适当的反应，通过实验探究压强对化学平衡的影响。

 资料卡片

勒夏特列原理

化学平衡是可逆反应在一定条件下建立起来的。如果改变影响平衡的一个因素（如温度、压强或反应物浓度），平衡就向着能够减弱这种改变的方向移动。这个规律叫作勒夏特列原理（Le Chatelier principle），也称平衡移动原理。

勒夏特列原理是自然界的普遍规律，它可以解释各类化学平衡的移动（如溶解平衡、电离平衡、配合平衡等），也适用于其他动态平衡体系，如水的三态变化等。

传统实验：探究压强对化学平衡的影响

实验目的

1. 认识压强对化学平衡移动的影响。

2. 进一步学习对比的实验方法。

实验原理

NO_2 是一种红棕色气体。常温下 NO_2 与其二聚体 N_2O_4（无色气体）混合共存，构成一种平衡态混合物。

$$2NO_2(g) \rightleftharpoons N_2O_4(g)$$

实验用品

注射器。

NO_2 和 N_2O_4 的混合气体。

实验步骤

1. 如图3.32所示，用20 mL注射器吸入10 mL NO_2 和 N_2O_4 的混合气体（使注射器的活塞位于（a）处），将细管端用橡胶塞封闭。然后把活塞拉到（b）处，观察管内混合气体颜色的变化。

2. 当反复将活塞从（b）处推到（a）处及从（a）处拉到（b）处时，观察管内混合气体颜色的变化。

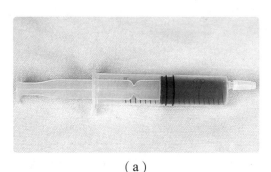　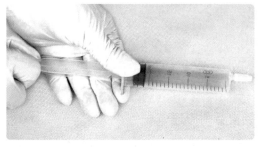

（a）　　　　　　　　　　　　　　　　（b）

▶ 图 3.32｜压强对 NO_2 和 N_2O_4 混合气体平衡的影响

注意事项

1. 通过改变体积的方式来改变压强，要区分是因为容器体积变化引起的颜色变化，还是平衡移动引起的颜色变化。

2. 因 NO_2、N_2O_4 会腐蚀塑料和橡胶，建议用玻璃注射器。

3. 该实验颜色变化较快，观察时需要认真仔细，避免错过实验现象。操作时要快速拉、推注射器的活塞，避免实验现象不明显。

交流研讨

1. 有气体参加的反应可能出现反应后气体体积增大、减小或不变三种情况。请根据这三种情况进行分析，体系压强增大会使化学平衡状态发生怎样的变化？

2. 对于只有固体或液体参加的反应，体系压强改变会使化学平衡状态发生改变吗？

数字化实验：利用色度传感器探究压强对化学平衡的影响[1]

实验目的

1. 认识压强对化学平衡移动的影响。
2. 进一步学习对比的实验方法。
3. 了解色度传感器的原理并学会使用。

> **⚠ 安全提示**
>
> HNO_3 具有腐蚀性和挥发性，使用时必须注意防护和通风。
> NO_2 有毒，人吸入后会刺激呼吸道，引起干咳或者咽部不适的症状。

实验原理

反应 $2NO_2（g）\rightleftharpoons N_2O_4（g）$，是 $\triangle V \neq 0$ 的可逆反应，反应物 NO_2 是红棕色气体，生成物 N_2O_4 是无色气体。反应体系的颜色深浅与体系中 NO_2 的浓度成正比。

色度传感器（chroma sensor）也称色度计，它能感受被分辨物体的色度，并转换成可输出信号由计算机自动记录透射率的变化，颜色越深，透射率越小。

实验用品

铁架台（带铁夹）、试管、分液漏斗、导管、注射器、比色皿、带有专用阀的橡胶塞、色度传感器、数据采集器、安装好传感器配套软件的计算机。

浓硝酸、铜片、NaOH 溶液。

---

[1] 高兴邦，钱琴红. 利用色度计验证压强对化学平衡的影响[J]. 化学教育，2014，35（9）：71-72.

1. 利用铜与浓硝酸反应制取 NO_2 气体，并用注射器收集一定量的 NO_2 气体。

2. 连接好色度传感器、数据采集器、计算机等相关实验装置。

3. 打开实验模板，校正色度计。由于 NO_2 为红棕色，主要吸收绿色光，选择绿色光作为入射光，分别用黑色和无色透明的比色皿进行透射率（T）为0%和100%的两点校准。

4. 如图3.33所示，推动注射器的活塞将一定量的 NO_2 充入比色皿中（比色皿已用带有专用阀的橡胶塞塞紧），并将注射器的活塞上下移动几次使气体混合均匀。

5. 将比色皿置于色度计样品槽内，点击"开始"，系统会自动记录透射率的变化，等数据基本稳定后，将注射器的活塞迅速向下压，并保持活塞位置不变，等数据基本稳定后松开手，活塞回到原来位置后，再将活塞向上拉出一定距离，并保持活塞位置不变；等数据基本稳定后松开手，活塞回到原来位置后，在相应位置处点击"停止"，系统将自动记录下气体的透射率，如图3.34所示。

6. 可反复多次进行实验演示。实验结束后用 NaOH 溶液吸收 NO_2 气体。

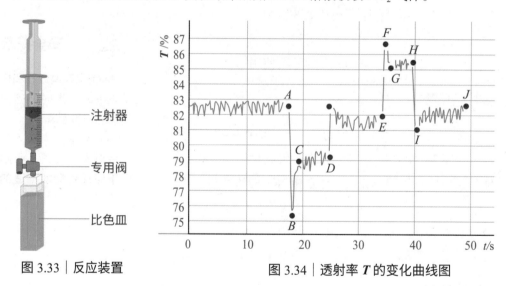

图 3.33 | 反应装置　　　　图 3.34 | 透射率 T 的变化曲线图

请你尝试解释 $A \rightarrow E$、$E \rightarrow J$ 中各段透射率变化的原因，并将你的结论与同学交流。

3.4 电化学问题研究

在化学反应中，化学能与其他形式的能量可以相互转化并遵循能量守恒定律。化学能与电能的直接转化需要通过氧化还原反应在一定的装置中才能实现。原电池是将化学能转化为电能的装置，电解池是将电能转化为化学能的装置。原电池、电解池都以发生在电子导体（如金属）与离子导体（如电解质溶液）接触界面上的氧化还原反应为基础，这也是研究化学能与电能相互转化规律的电化学的核心问题。由于电能和化学反应之间的相互作用可通过电池来完成，因此电化学往往被称为"电池的科学"。

实验 3-13 铜锌原电池

传统实验：探秘铜锌原电池

实验目的

1. 了解原电池的构成要素，理解其工作原理。
2. 认识单液原电池和双液原电池的区别。

实验原理

原电池电极反应都可分解为两个半反应——负极反应（氧化反应）和正极反应（还原反应）。铜锌原电池中，锌为负极，铜为正极。

负极：$Zn - 2e^- = Zn^{2+}$

正极：$Cu^{2+} + 2e^- = Cu$

总反应：$Zn + Cu^{2+} = Cu + Zn^{2+}$

> **盐桥**
>
> 盐桥中装有含 KCl 饱和溶液的琼胶，离子可在其中自由移动。通过盐桥将两个相互隔离的电解质溶液连接起来传导电流。

实验用品

烧杯、导线、盐桥、电流表。
铜片、锌片、1 mol/L $CuSO_4$ 溶液、1 mol/L $ZnSO_4$ 溶液。

1. 单液铜锌原电池

如图3.35（a）所示，用导线连接锌片和铜片，并在中间串联一个电流表，再插入盛有 1 mol/L CuSO₄ 溶液的烧杯中，观察现象。

2. 双液铜锌原电池

如图3.35（b）所示，向两只烧杯中分别加入等体积的1 mol/L ZnSO₄ 溶液和1 mol/L CuSO₄ 溶液，将用导线与电流表相连接的锌片和铜片分别插入 ZnSO₄ 溶液和 CuSO₄ 溶液中，将盐桥两端分别插入两只烧杯内的电解质溶液中，观察现象。取出盐桥，观察电流表的指针有何变化。

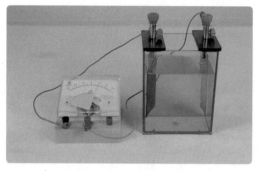

（a）单液　　　　　　　　　　　　　（b）双液

▶ 图 3.35 ┃ 铜锌原电池

注意事项

实验前用砂纸打磨锌片表面，除去氧化膜，以便观察到电流由强到弱的变化情况。

交流研讨

1. 盐桥在原电池中有什么作用？

2. 简述双液铜锌原电池的工作原理（图3.36）。

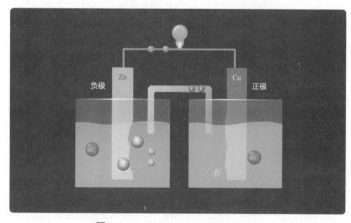

🔖 图 3.36 ┃ 双液铜锌原电池

查找相关资料，制作一个水果电池，并与同学交流制作体会。

数字化实验：利用传感器探秘铜锌原电池[1]

实验目的

1. 理解原电池的工作原理。
2. 利用电流传感器和温度传感器认识单液原电池和双液原电池的区别。

实验原理

在铜锌原电池中，锌为负极，铜为正极。锌片向外电路放出电子，铜片从外电路得到电子，在两个电极之间的电解液中，阳离子向正极移动，阴离子向负极移动，形成电流回路。

利用电流传感器和温度传感器实时检测单液铜锌原电池和双液铜锌原电池的电流和温度随时间变化的情况。

实验设计

根据数据采集器可同时接入多个传感器、测定多项数据的特点，按照"变量控制法"的实验思想，设计出"一次实验，两组对比，四条曲线"的实验方案，如表3.7所示。

表 3.7 | 实验方案设计

原电池类型	数据曲线
单液铜锌原电池	电流曲线
	温度曲线
双液铜锌原电池	电流曲线
	温度曲线

[1] 盛晓婧，林建芬，钱扬义. 利用数字化手持技术探究原电池电流和温度的变化[J]. 化学教育，2016, 37(5): 61-66.

实验用品

温度传感器（量程-25～110 ℃）、电流传感器（量程-250～250 mA，0～20 mA）、数据采集器、安装好传感器配套软件的计算机、数据线、导线、烧杯、砂纸、酒精灯、石棉网、天平、量筒、U形管、玻璃棒、铁架台。

铜片、锌片、1 mol/L $CuSO_4$ 溶液、1 mol/L $ZnSO_4$ 溶液、KCl 固体、琼脂、去离子水。

实验步骤

1. 用砂纸打磨锌片和铜片。

2. 在煮沸的100 mL水中加入1.5 g 琼脂，搅拌；待琼脂溶解后，加入7 g KCl 固体并搅拌溶解，将热溶液灌入小型U形管中，溶液凝固后盐桥即制作完成。

3. 按图3.37连接实验装置，用铁架台将导线固定，调整导线的高度和位置，使两组实验的电极都处于同一高度且与桌面垂直，每组原电池的铜片和锌片保持平行。通过预实验发现，单液原电池电流较大，选择电流传感器量程为-250～250 mA，双液原电池电流较小，选择电流传感器量程为0～20 mA。

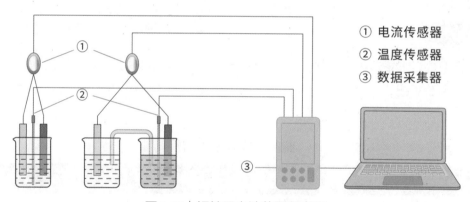

① 电流传感器
② 温度传感器
③ 数据采集器

图 3.37 | 铜锌原电池装置示意图

4. 将两个温度探头分别放入硫酸铜溶液中2 min，使探头温度与溶液温度一致；测定两组硫酸铜溶液的温度，确保溶液起始温度基本相同。

5. 数据采集器感应到接入的传感器后，设置数据采集频率为10次/s，数据采集时间为"不间断"。

6. 进行实验，放入锌电极和铜电极，快速放入盐桥，马上点击"开始"按钮，开始采集实验数据，约7 min后，点击"停止"按钮，得到4条对应的曲线（图3.38、图3.39）。

7. 清理仪器，回收药品。

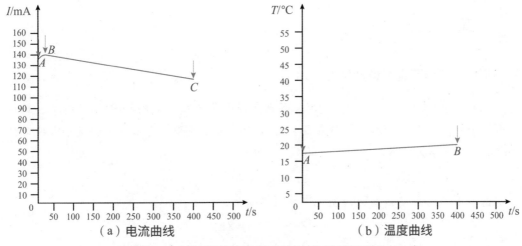

图 3.38 单液铜锌原电池的电流曲线和温度曲线

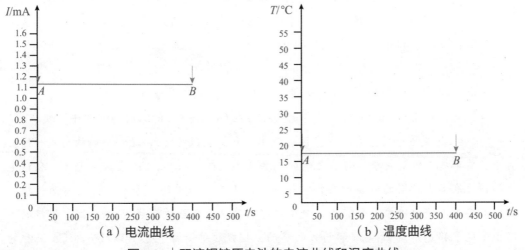

图 3.39 双液铜锌原电池的电流曲线和温度曲线

交流研讨

1. 对比观察单液铜锌原电池和双液铜锌原电池工作中电流强度、电解质溶液温度的数据变化，总结两种电池的优缺点。

2. 单液铜锌原电池中电流衰减和温度升高的原因是什么？

知识拓展

铜锌原电池的电流是怎样产生的

铜锌原电池中，锌片上和 $ZnSO_4$ 溶液中都存在 Zn^{2+}。如图3.40（a）所示，在锌片和溶液的接触面上，水分子与金属表面的 Zn^{2+} 相互吸引，形成水合锌离子，使部分 Zn^{2+} 离开锌片进入溶液：

$$Zn - 2e^- = Zn^{2+}$$

同时溶液中的 Zn^{2+} 受到锌片表面电子吸引而沉积到锌片表面：

$$Zn^{2+} + 2e^- = Zn$$

发生前一过程的趋势大于后一过程，并且锌片上的电子不能自由进入溶液，这就使锌片带有负电荷。锌片表面上的电子与溶液中的 Zn^{2+} 因异性电荷的吸引作用分别在金属-水界面的两侧聚积，最终在锌片和 $ZnSO_4$ 溶液的界面处达到溶解与沉积的平衡状态，如图3.40（b）所示：

$$Zn - 2e^- \rightleftharpoons Zn^{2+}$$

此时，由于锌片与溶液的界面两侧电荷不均等，便产生了电势差。

类似地，铜片和 $CuSO_4$ 溶液的界面处也存在 Cu^{2+} 与 Cu 的溶解与沉积平衡状态。

Cu 和 Zn 失电子的能力不同，因此铜电极和锌电极的溶解-沉积平衡状态不一样，两个金属单质电极材料与其溶液之间的电势差不相等。Zn 比 Cu 容易失电子，在锌电极的锌片表面上积累的电子比在铜电极的铜片表面上积累的电子多，因此将两极接通构成回路时电子由锌片流向铜片。电子的移动破坏了两极的溶解-沉积平衡，锌极的平衡由于电子移走而向 Zn^{2+} 溶解的方向移动，铜极的平衡由于电子移入而向 Cu 沉积的方向移动，结果使电子能够持续流动形成电流。

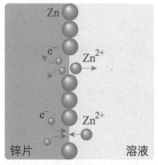
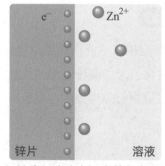

（a）Zn^{2+} 在锌片表面的溶解和沉积过程同时进行　　　（b）锌片与溶液之间电荷分布示意图

图 3.40 │ 锌电极的反应过程

实验 3-14 干电池模拟实验

普通锌锰干电池是最早进入市场的实用电池，因其电解质溶液（氯化铵和氯化锌混合液）用淀粉糊固定化，所以称为干电池（dry cell）。这种电池的结构如图3.41所示，其中，石墨棒作正极，氯化铵糊作电解质溶液，锌筒作负极。在使用过程中，电子由锌筒（负极）流向石墨棒（正极），Zn 逐渐消耗，MnO_2 不断被还原，电池电压逐渐降低，最后失效。这种电池放电之后不能充电，属于一次电池。下面我们通过实验来模拟干电池。

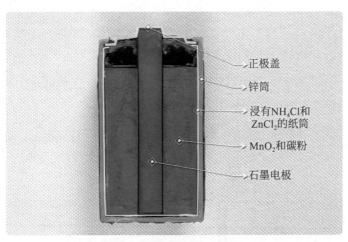

正极盖
锌筒
浸有NH_4Cl和$ZnCl_2$的纸筒
MnO_2和碳粉
石墨电极

▶ 图 3.41 │ 普通锌锰干电池的基本构造

实验目的

1. 了解普通锌锰干电池的基本构造。
2. 体验制作普通锌锰干电池的实验过程。

实验原理

负极：$Zn - 2e^- = Zn^{2+}$

正极：$2MnO_2 + 2NH_4^+ + 2e^- = Mn_2O_3 + 2NH_3 + H_2O$

总反应：$Zn + 2MnO_2 + 2NH_4^+ = Zn^{2+} + Mn_2O_3 + 2NH_3 + H_2O$

塑料瓶、细铁丝、滤纸、碳棒、烧杯、酒精灯、玻璃棒、锌片、铁片、镁条、小电珠、药匙。

NH_4Cl 溶液、MnO_2 粉末、活性炭、面粉、蒸馏水。

实验步骤

1. 取一个直径为2~3 cm的塑料瓶，瓶壁用烧红的细铁丝烫出许多小孔，瓶内衬一层滤纸，装满用 NH_4Cl 水溶液调成糊状的 MnO_2 和活性炭混合物，中间插入一根碳棒作干电池的正极。

2. 在烧杯中放入少量面粉和少量 NH_4Cl，用水调匀，加热，配成糊状物质，并把上述塑料瓶放入烧杯的糊状物质中。

3. 用锌片作干电池的负极，碳棒作干电池的正极，在电极间接上小电珠（或电流表、发光二极管等）。如图3.42所示，观察现象。

4. 分别用铁片、镁条代替锌片制作电池，比较放电效果。

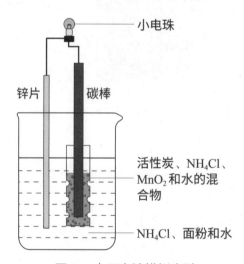

图3.42 | 干电池模拟实验

交流研讨

查阅资料比较普通锌锰干电池和碱性锌锰干电池构造的区别，并猜想其性能差异。

资料卡片

电解原理

1. 电解池工作原理

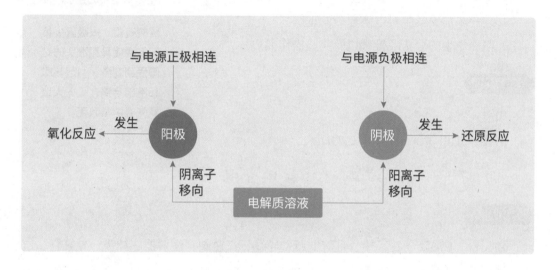

2. 电解池阴、阳两极的放电顺序

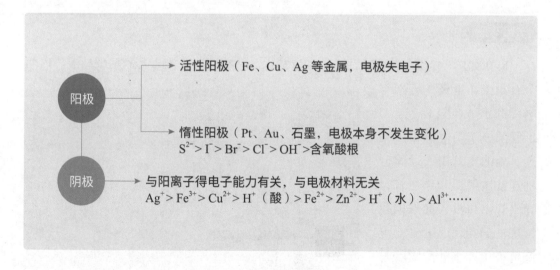

实验 3-15 电解饱和食盐水

传统实验：电解饱和食盐水

实验目的

1. 进一步加深学生对电解原理的理解。
2. 培养学生的分析、推理以及实验操作能力。

实验原理

阳极：$2Cl^- - 2e^- = Cl_2\uparrow$

阴极：$2H_2O + 2e^- = H_2\uparrow + 2OH^-$

总反应：$2Cl^- + 2H_2O \xrightarrow{\text{电解}} Cl_2\uparrow + H_2\uparrow + 2OH^-$

实验用品

铁架台、U形管、石墨棒、直流电源、导线、三通阀、注射器、针头、导气管、试管、试管架、火柴。

饱和食盐水、酚酞试液、淀粉碘化钾溶液。

实验步骤

1. 在如图3.43所示装置中注入饱和食盐水，并在两边各滴入几滴酚酞试液。以两个石墨棒作电极，分别与电源的正、负极相连。U形管阳极（与电源正极相连）处的支管用三通阀分别连接注射器和导气管，导气管出口没入淀粉碘化钾溶液；U形管阴极（与电源负极相连）处的支管与针头相连。接通电源后，观察现象。

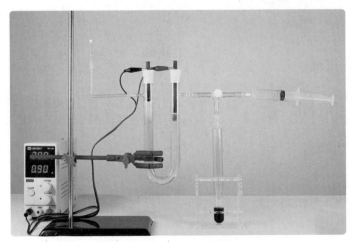

📲 图 3.43 │ 电解饱和食盐水

2. 通电后注意适当抽动注射器调整液面高度，并观察注射器内收集到的气体颜色。打开阳极连接的阀门，将阳极产生的气体通入淀粉碘化钾溶液；在针尖处点燃气体，观察现象。

交流研讨

1. 简述电解饱和食盐水的微观过程（图3.44）。

2. 在饱和食盐水中滴加酚酞溶液的目的是什么？

3. 工业生产中为什么要对用于电解的饱和食盐水进行精制，以除去 Ca^{2+} 和 Mg^{2+} 等杂质离子？

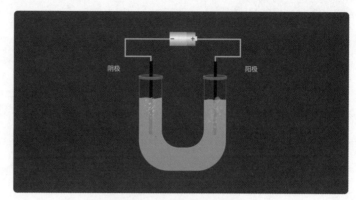

图 3.44 | 电解饱和食盐水

绿色实验：电解饱和食盐水[1]

实验目的

1. 进一步加深学生对电解原理的理解。
2. 培养学生的实验设计能力，树立绿色化学意识。

实验原理

1. 电解

阳极：$2Cl^- - 2e^- = Cl_2\uparrow$

阴极：$2H_2O + 2e^- = H_2\uparrow + 2OH^-$

总反应：$2Cl^- + 2H_2O \xrightarrow{\text{电解}} Cl_2\uparrow + H_2\uparrow + 2OH^-$

[1] 申勇，高洁. 电解饱和食盐水实验装置的绿色化设计[J]. 实验教学与仪器，2022,39(3): 53-54.

2. 氢氯燃料电池

负极：$H_2 - 2e^- + 2OH^- = 2H_2O$

正极：$Cl_2 + 2e^- = 2Cl^-$

总反应：$H_2 + Cl_2 + 2OH^- = 2H_2O + 2Cl^-$

实验装置的制作

1. 制作材料。20 mL塑料注射器、一次性输液管、铁钉、石墨棒（取自废旧干电池）、硬质塑料管、尖嘴玻璃导气管（取自酸式滴定管）。

2. 制作方法。分别在两支塑料注射器靠针头孔一侧中部和顶部各钻一个孔（大小依据硬质塑料管及铁钉、石墨棒的粗细而定），用长3 cm的硬质塑料管插入两个侧孔中连通两支注射器；将铁钉和石墨棒分别插入两支注射器的上孔，末端与注射器侧孔中心相平，两个针孔分别与尖嘴玻璃导气管和一次性输液管（带针头）连接，整套实验装置接口处均用胶粘接密封，如图3.45所示。

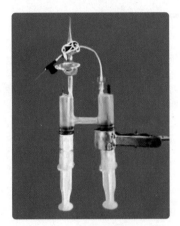

图 3.45 | 改进实验装置

实验用品

铁架台（带铁夹）、自制实验装置、学生电源、伏特计、导线、火柴、西林瓶。饱和食盐水、酚酞、3.00 mol/L 盐酸、0.10 mol/L KI 溶液、淀粉溶液。

实验步骤

1. 实验准备

将20 mL饱和食盐水（含酚酞）加入自制实验装置中，打开两侧导气管开关，推动注射器活塞排尽装置内的空气；然后关闭两侧导气管开关。分别用导线连接学生电源的正极与石墨棒、学生电源的负极与铁钉，则两支注射器分别构成电解池的阳极室和阴极室。

2. 电解

将电压调为16 V，接通电源，观察现象。

3. 检验气体

打开阴极室尖嘴导气管开关，推动活塞，并点燃气体，观察现象。将连接阳极室的导气管针头插入装有淀粉碘化钾溶液的西林瓶中，打开导气开关，观察现象。

4. 模拟氢氯燃料电池

接通电源，电解1 min，关闭电源，将导线从电源正负极接线柱上取下，连接伏特计，观察现象。

5. 尾气吸收

取下实验装置，打开阴极室的导气管开关，抽拉阳极室的活塞，使阴极室的NaOH溶液进入阳极室，两室溶液相混合，溶液红色变浅，再推动阳极室的活塞，使溶液进入阴极室。重复以上操作2~3次，混合溶液变为无色，尾气被完全吸收。

注意事项

1. 装置使用前，要检验气密性。方法是：先打开阴极室的导气管开关，抽拉活塞吸入少量空气后关闭开关；然后抽拉阳极室的活塞，如果阴极室活塞向前移动，证明装置气密性良好。

2. 装置装液前，要用盐酸浸泡铁钉（阴极）除锈。

3. 可用体积较小的9 V电池替代学生电源，如需要更高电压，可将多块电池串联。

交流研讨

1. 该实验装置的优点有哪些？
2. 比较氢氯燃料电池的工作原理和电解饱和食盐水的原理。

知识拓展

工业电解食盐水制备烧碱

用电解饱和食盐水的方法制备氯气、氢气和烧碱，并以它们为原料生产一系列含氯、含钠化工产品的工业称为氯碱工业。工业电解食盐水制备烧碱时必须阻止 OH^- 移向阳极，以使 Na^+ 和 OH^- 在阴极溶液中富集。目前比较先进的方法是用阳离子交换膜将两极溶液分开。

离子交换膜是一类高分子膜，它可以选择性地使物质通过。阳离子能通过阳离子交换膜，而阴离子则不能通过。如图3.46所示，在电解食盐水的过程中，Na^+ 不断从阳极区进入阴极区，而阴极区不断产生的 OH^- 只能留在阴极附近的溶液中，因此在阴极可以得到浓度较高的 NaOH 溶液。

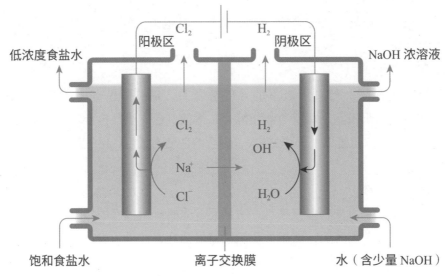

图 3.46 | 离子交换膜法电解食盐水原理示意图

实验 3-16 阿伏加德罗常数的测定

实验目的

1. 掌握电解法测定阿伏加德罗常数的原理。

2. 练习电解法的基本操作。

实验原理

本实验采用电解法，阴极和阳极均为纯铜片，电解质溶液为 $CuSO_4$ 溶液。电极反应为

$$阳极：Cu - 2e^- = Cu^{2+}$$
$$阴极：Cu^{2+} + 2e^- = Cu$$

即阳极上的 Cu 失去电子生成 Cu^{2+} 进入溶液，阳极质量减少。而溶液中的 Cu^{2+} 在阴极获得电子被还原成 Cu 沉积在阴极上，阴极质量增加。

电解时，若电流强度为 I（单位：A），电解时间为 t（单位：s），则通过的总电量（Q）与电子总数（n）的关系是

$$Q = It = n \times 1.60 \times 10^{-19} \text{（每个电子的电量为}1.60 \times 10^{-19}\text{ C）}$$

若阴极上铜片增加的质量为 Δm（单位：g），则 Cu^{2+} 所结合的电子总数（n）为

$$n = \frac{\Delta m}{M（Cu）} \times 2N_A$$

其中 M（Cu）为铜的摩尔质量。

理论上，电路中通过的电子数等于电极上析出的 Cu 所结合的电子数，即

$$\frac{\Delta m}{M（Cu）} \times 2N_A \times 1.60 \times 10^{-19} = It$$

化简可得

$$N_A = \frac{It \times M（Cu）}{\Delta m \times 2 \times 1.60 \times 10^{-19}}$$

实验用品

导线、细砂纸、烧杯、玻璃棒、量筒、电子天平、称量纸、学生电源、滑动变阻器、秒表。

纯铜片、稀盐酸、蒸馏水、浓硫酸、酒精、$CuSO_4 \cdot 5H_2O$ 固体。

实验步骤

1. 取两块表面积约为4 cm²的纯铜片（各钻一个小孔用于连接导线）。用细砂纸打磨后浸入稀盐酸中约30 s，以除去其表面的氧化物。取出铜片，用水洗涤后，以酒精擦洗并晾干，称量。

2. 在50 mL烧杯中加入8 g $CuSO_4 \cdot 5H_2O$ 和36 mL蒸馏水，滴加少量浓硫酸，搅拌，使硫酸铜晶体溶解。将每块铜片的2/3浸入硫酸铜溶液中，两极相距约1.5 cm。

3. 组装如图3.47所示装置，调节电压为10 V，调节电阻，接通电源。使电流稳定在0.1 A，通电电解60 min。

4. 停止电解，取下作阴极、阳极的铜片，水洗后用乙醇淋洗几次，晾干，精确称量。

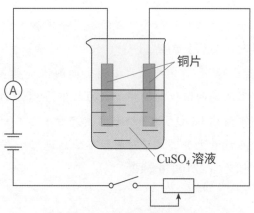

图 3.47 | 测定阿伏加德罗常数实验电路图

1. 打磨铜片时不要直接接触实验台，防止损坏台面。
2. 电解时间应准确记录至秒。
3. 仔细保护铜片的电解部位，小心漂洗。

根据实验结束后称量的阴极和阳极铜片的质量，计算阿伏加德罗常数，并分析误差产生的原因。

科学史话

阿伏加德罗常数

随着阿伏加德罗定律的提出，科学家们开始了通过大量分子的宏观性质来间接了解分子的性质和数量的研究。1865年，奥地利化学家洛喜密脱（J. Loschmidt, 1821—1895）成功测定出标准状况下1 cm^{3}气体所含的分子数大约是1.83×10^{18}。1889年，匈牙利化学家泰安（K. Than, 1834—1908）测定出标准状况下，以克为单位、质量在数值上等于其相对分子质量的气体所占体积大约是22330 cm^3。以上两个数值相乘，即$1.83 \times 10^{18} \times 22330$所得数值，就是阿伏加德罗常数的雏形。1908年，法国科学家佩兰（J. Perrin, 1870—1942）用新的方法测得，以克为单位、质量在数值上等于其相对分子质量的物质所含的微粒数是个常数，大约是6.7×10^{23}。佩兰建议将这个常数命名为阿伏加德罗常数。

随着科学的进步，测定的阿伏加德罗常数的数值也越来越精确。1945年，科学家测定的阿伏加德罗常数的数值为6.02338×10^{23}。2010年，国际科学技术数据委员会（简称 CODATA）公布的测定结果为（$6.02214129 \pm 0.00000027$）$\times 10^{23}$。2018年，国际计量大会通过了对国际单位制进行一系列调整的提案，将阿伏加德罗常数的数值修正为$6.02214076 \times 10^{23}$。

3.5 物质含量的测定

通过观察化学反应现象或借助仪器分析可以对某物质进行定性检测，当进一步确定某物质或组分的含量时，需要运用定量的方法进行测量。我们可以通过滴定分析法和重量分析法，根据被测组分与所加试剂发生化学反应时的计量关系测定其含量。随着科技的发展，在分析过程中人们借助电子学、电学和光学仪器采集物质的理化性质信息，建立了光学分析法、电化学分析法、色谱分析法等先进的分析方法，提高了测定的准确性。

1. 滴定分析法

滴定分析法（titrimetric analysis）也叫容量分析法，这种方法是将一种已知准确浓度的试剂——标准溶液，通过滴定管滴加到被测物质的溶液中，直到所加试剂与被测物质恰好完全反应，然后根据所用试剂的浓度和体积求得被测物质的含量。滴定分析的类型除了酸碱滴定法（图3.48）外，还有配位滴定法、沉淀滴定法、氧化还原滴定法等。

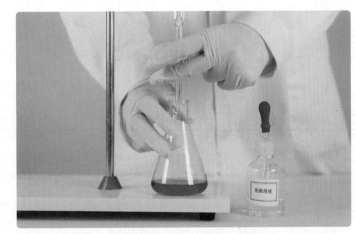

▶ 图 3.48 | 酸碱滴定法

2. 比色法

比色法（colorimetry）是通过比较或测量有色物质溶液颜色深度来确定待测组分含量的方法。比色法主要有显色和比色两个步骤：

（1）用该物质的已知浓度且浓度较大的溶液通过稀释配制一系列浓度呈等差分布的溶液，在一定条件下显色后作为标准色阶。

（2）将待测溶液在相同条件下显色，并通过目测与标准色阶进行比较或用光电比色计进行测量，从而确定待测物质的浓度。

3. 分光光度法

分光光度法（spectrophotometry）是通过测定被测物质在特定波长处或一定波长范围内的吸光度或发光强度，对该物质进行定性和定量分析的方法。用分光光度法进行定量分析的步骤如下：

（1）确定被测物质的特征吸收波长。将被测物质的溶液在分光光度计上全波长扫描，常用吸光度最大的波长作为定量分析的入射波长。

（2）绘制标准曲线。配制一系列已知浓度的标准溶液，测得它们在特定波长下的吸光度，绘制A-c的关系曲线，也称工作曲线。

4. 传感方法

传感器（sensor）是一种能把物理量或化学量转变成便于利用的电信号的器件。由传感器、数据采集器和配套软件组成的实验技术系统，可以方便而迅速地采集各类化学实验的数据（如pH、温度、压强、电导率、色度等），并能通过计算机进行处理，以图像、刻度计、表格、视频等多种形式动态、直观地显示实验数据变化的趋势，得出实验结论。

5. 高效液相色谱法

高效液相色谱法（high performance liquid chromatography，简称HPLC）是以液体为流动相，采用高压输液系统，将具有不同极性的单一溶剂或不同比例的混合溶剂、缓冲液等流动相泵入装有固定相的色谱柱，在柱内各成分被分离后，进入检测器进行检测。其流程如图3.49所示。

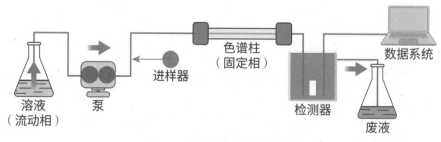

图 3.49 │ 高效液相色谱流程

实验 3-17 食醋总酸量的测定

传统实验：酸碱滴定法测定食醋的总酸量

实验目的

1. 理解用 NaOH 溶液滴定醋酸的反应原理。
2. 应用酸碱滴定法测定食醋的含酸量，学习用化学定量分析方法解决实际问题。

实验原理

食醋中含醋酸（CH_3COOH）和少量乳酸等有机弱酸，它们与 NaOH 溶液的反应为

$$NaOH + CH_3COOH = CH_3COONa + H_2O$$
$$nNaOH + H_nA（有机酸）= Na_nA + nH_2O$$

用 NaOH 溶液滴定时，实际测出的是总酸量。通常规定，食醋的总酸量用含量最多的醋酸表示。根据 NaOH 溶液的浓度$c(NaOH)$和滴定时所消耗的体积 $V(NaOH)$，可计算食醋的总酸量$\rho(CH_3COOH)$（用每升食醋原液中所含醋酸的质量表示，单位 g/L）。

由于是强碱滴定弱酸，滴定的pH突变在碱性范围内，理论上滴定终点的pH在8.7左右，因此可选用酚酞作指示剂。

实验用品

分析天平、锥形瓶、移液管、碱式滴定管、铁架台。

食用白醋原液、0.1%酚酞指示剂、0.1 mol/L左右的 NaOH 溶液、去 CO_2 的蒸馏水。

实验步骤

1. 先称量空锥形瓶的质量，然后用移液管取5 mL白醋原液至锥形瓶中，再次称量，两次称量的质量差即为食醋样品质量（m）。

2. 用碱式滴定管盛装 NaOH 标准溶液，赶走下端乳胶管中的气泡并将液面调至零刻度或其他刻度，记录数据。

3. 向盛装食醋样品的锥形瓶中加入1~2滴酚酞溶液，将 NaOH 标准溶液逐滴滴入样品中，直到溶液恰好呈浅红色并在半分钟内不褪色为止，记录数据。重复滴定三次。

4. 将测得的数据记录在表3.8中并进行数据处理。

表 3.8 | 数据记录与处理

实验数据　　　　　　　　　　滴定次数	1	2	3
V/mL			
m/g			
V(NaOH)/mL（初读数）			
V(NaOH)/mL（末读数）			
V(NaOH)/mL（消耗）			
$\overline{V}$ (NaOH)/mL（消耗）			
c(NaOH)/mol·L^{-1}			
ρ(CH$_3$COOH)/g·L^{-1}			

注意事项

1. 最好用白醋。如果用一般食醋，滴定前必须稀释，一般需稀释至原来浓度的1/5以下。

2. 稀释食醋所用蒸馏水需要煮沸（驱赶 CO$_2$）冷却后再用。

3. 若食醋颜色很深，会影响滴定终点的判断。如果经稀释或活性炭脱色后颜色仍较深，则此品牌食醋不适于用酸碱指示剂滴定法测定酸含量。

4. 平行滴定3次。

交流研讨

1. 稀释食醋所用的蒸馏水为什么要先煮沸驱赶 CO$_2$？如不煮沸会对实验结果造成什么影响？

2. 你所测结果与食醋商标上所注是否一致？如果不一致，试分析可能的原因。

3. 如果所测食醋的颜色较深且难以除去，不宜用指示剂酸碱滴定法测定，想一想可以用你所了解的哪种方法来滴定？

拓展实验

1. 胃药中抑酸剂含量的测定。

2. 测量不同土壤样本的pH（要求：至少取三份不同土壤的样本；测量后提出其适宜种植的物种或土壤改良建议）。

数字化实验：利用pH传感器测定食醋的总酸量[1]

实验目的

1. 学习利用pH传感器技术测定食醋总酸量的原理和操作方法。

2. 通过数据采集器来采集、处理实验数据，让学生感受现代化学科学的过程与方法。

实验原理

pH传感器是化学实验中常用的一种传感器，它是通过由内外参比电极与待测溶液形成原电池，通过电位计测量该原电池的电动势（与氢离子活度相关），经过数据转换，输出pH数据的一种装置。利用pH传感器测定食醋与氢氧化钠中和滴定过程中溶液pH的实时变化，通过求导进而确定反应终点，再进行数据的处理与分析，即得食醋的总酸量。

仪器与试剂

GQY 数字实验室教学设备（由数据采集器、pH传感器、pH复合电极、液滴计数器、光电门传感器组成）、50 mL酸式滴定管、恒温定时磁力搅拌器（JB-3A型）、铁架台、量筒、移液管、烧杯。装置如图3.50所示。

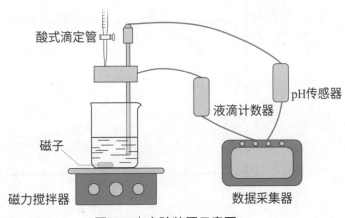

图 3.50 | 实验装置示意图

0.10 mol/L NaOH 标准溶液、有色食醋原液（质量指标：总酸度≥3.50 g/100 mL）、去 CO_2 的蒸馏水、pH=4.00

―――――――――

[1] 杨承印，何颖，高双军，杨帆. 基于pH传感器测定食醋总酸量的实验研究[J]. 化学教育，2015,
36(3): 62-64.

（邻苯二甲酸氢钾）的缓冲溶液、pH=9.18（四硼酸钠）的缓冲溶液。

实验步骤

1. 校准pH复合电极。连接pH传感器与数据采集器，在pH=4.00和pH=9.18的缓冲溶液中校准pH复合电极。校准完成后，需检验校准是否成功。

2. 连接液滴计数器与数据采集器，将前者固定在铁架台上，并调整其相对高度与伸出长度，使液滴能透过小孔滴入下方烧杯中，同时便于磁子转动。

3. 向酸式滴定管中加注有色食醋20 mL，将其固定在铁架台上，调整其与液滴计数器的相对位置，使后者能正常工作（每落下1滴食醋，计数器红灯闪烁1次）。

4. 准确量取50 mL 0.10 mol/L NaOH 溶液于烧杯中，将烧杯置于磁力搅拌器上。

5. 将pH传感器插入 NaOH 溶液中，开启磁力搅拌器。

6. 开始采集数据，待滴定曲线重新趋于平缓后停止实验，刷新并保存数据。

7. 把实验结果输入计算机中，用相关软件进行处理。

数据处理与分析

待测食醋原液滴定50 mL 0.10 mol/L的 NaOH 标准溶液实验曲线如图3.51所示。

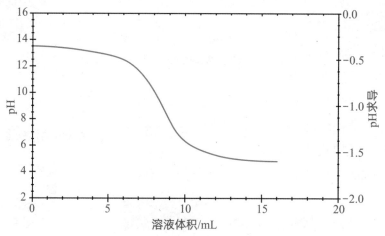

图 3.51 | 待测食醋原液滴定 NaOH 标准溶液的实验曲线

以所收集的一组数据为例：50 mL 0.10 mol/L的 NaOH 标准溶液消耗的食醋原液体积由软件读取为8.80 mL，代入算式：

$$\rho(CH_3COOH) = c(NaOH) \times V(NaOH) \times M(CH_3COOH)/V(CH_3COOH)$$
$$= 0.10\ mol/L \times 0.05\ L \times 60\ g/mol \div 0.0088\ L$$
$$\approx 34.09\ g/L$$
$$\approx 3.41\ g/100\ mL$$

实验3-18 果蔬中维生素C含量的测定

传统实验：氧化还原滴定法测定果蔬中维生素C的含量

实验目的

1. 了解滴定分析中，应用已知浓度的溶液，测定物质某组分含量的方法。

2. 应用氧化还原滴定法测水果中维生素C的含量，学习用化学定量分析解决实际问题。

实验原理

维生素C又称抗坏血酸，其结构简式如图3.52所示。维生素C具有强还原性，在酸性溶液中，它可将碘单质还原为碘离子。利用这一反应，可以通过实验测定果汁或蔬菜汁中维生素C的含量（本实验将蔬菜、水果中还原性物质的总量都折算为维生素C的含量）。

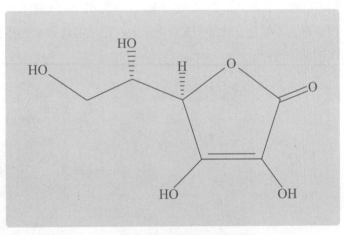

图3.52 │ 维生素C的结构简式

用医用维生素C片配制一定浓度（a mg/L）的维生素C标准溶液。向一定体积的维生素C标准溶液中滴加稀碘水，用淀粉溶液作指示剂，至加入碘水使溶液呈蓝色且半分钟内不褪色为止，记录加入碘水的体积（V_1）。取与维生素C标准溶液相同体积的果汁，用相同浓度的碘水滴定，记录消耗碘水的体积（V_2）。根据两次反应消耗碘水体积的比值，粗略测定出水果中维生素C的含量为（V_2/V_1）$\times a$。

烧杯、玻璃棒、250 mL容量瓶、锥形瓶、移液管、酸式滴定管、胶头滴管、漏斗、天平、量筒、榨汁机、研钵、纱布。

维生素C片、橙子或卷心菜、0.1 mol/L盐酸、淀粉溶液、0.01 mol/L碘水、蒸馏水。

实验步骤

1. 维生素C标准溶液的配制

将5片100 mg维生素C片投入盛有50 mL蒸馏水的烧杯中，用玻璃棒搅拌加速其溶解。当维生素C片完全溶解后，把溶液转移到250 mL容量瓶中，并稀释至刻度。

2. 橙汁或卷心菜汁的准备

将橙子榨汁，取50 mL橙汁，过滤备用；或取50 g卷心菜，在研钵中研磨，加50 mL蒸馏水，充分搅拌，取出用纱布压滤，滤液备用。

3. 维生素C片中维生素C含量的测定

用移液管移取20 mL维生素C标准溶液至锥形瓶中，加入1 mL 0.1 mol/L盐酸，调节溶液的酸度。加入1~2 mL淀粉溶液，用0.01 mol/L碘水滴定，直到溶液呈蓝色且半分钟内不褪色（颜色变化如图3.53所示），记录消耗碘水的体积。重复上述操作一次，取两次的平均值。

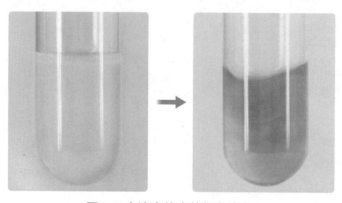

图 3.53 | 滴定终点的颜色变化

4. 橙汁（或卷心菜汁）中维生素C含量的测定

用移液管移取20 mL橙汁（或卷心菜汁）至锥形瓶中，按照测维生素C片中维生素C含量的方法进行滴定。

1. 上述实验能否用碘标准溶液进行直接滴定？为什么？

2. 除了氧化还原滴定法，你还知道哪些测定维生素C含量的方法？

数字化实验：高效液相色谱法测定果蔬中维生素C的含量[1]

仪器与材料

高效液相色谱仪、配有二极管阵列检测器、色谱柱：C_{18}柱（4.6 mm×250 mm，5 μm）、超声波清洗器、L(+)-抗坏血酸、D(-)-抗坏血酸。

水果和蔬菜、超纯水、其他试剂均为分析纯。

实验方法

1. 色谱条件

色谱柱：C_{18}柱（4.6 mm×250 mm，5 μm），流动相：0.2%乙酸-甲醇（98:2），检测波长：245 nm，流速：1.0 mL/min，柱温：25 ℃，进样量：20 μL。

2. 维生素C标准溶液配制

准确称取对照品L(+)-抗坏血酸，D(-)-抗坏血酸5.0 mg，用2%乙酸溶液溶解，定容至10 mL的棕色容量瓶中，其浓度为0.5 mg/mL，现用现配。标线采用0.2%乙酸进行配制，线性范围为0.1~10 μg/mL。

3. 样品的准备

称取2.0 g果蔬样品至50 mL棕色容量瓶中，加入20 mL 2%乙酸溶液提取，超声冰浴提取15 min后，4000 r/min离心3 min，转移至另一50 mL棕色容量瓶中，下层残渣中再加入20 mL 2%乙酸溶液重复提取，转移至同一容量瓶中定容至刻度，经0.22 μm微孔滤膜过滤后，经HPLC分析。标准溶液和样品中抗坏血酸的色谱图分别如图3.54和图3.55所示。

---

[1] 孙晶，张晓莉，师敬敬，郭婷婷. HPLC法测定果蔬中维生素C含量[J]. 食品安全导刊，2021（24）：70-72.

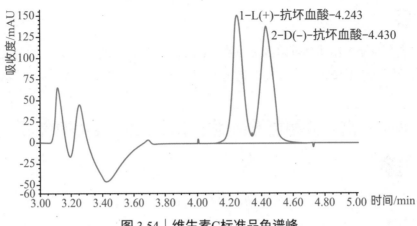

图 3.54 │ 维生素C标准品色谱峰

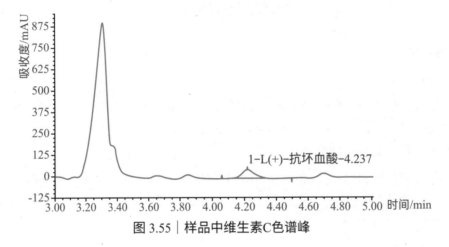

图 3.55 │ 样品中维生素C色谱峰

实验结果

1. 专属性实验

经一系列实验可知，检测波长：245 nm；检测时间：8 min；线性范围：0.1~10 μg/mL；提取溶液：2.0%乙酸；提取次数：两次。

2. 样品中维生素C的含量

测定出西红柿、豌豆芽、菠菜、胡萝卜、辣椒、黄瓜、西瓜、脐橙、皇帝柑、砂糖橘和红心蜜柚等11种果蔬中L(+)-抗坏血酸的含量分别为10.9 mg/100 g、9.77 mg/100 g、73.3 mg/100 g、1.68 mg/100 g、3.08 mg/100 g、6.37 mg/100 g、8.25 mg/100 g、43.4 mg/100 g、23.4 mg/100 g、16.3 mg/100 g和 29.4 mg/100 g，如图3.56所示。

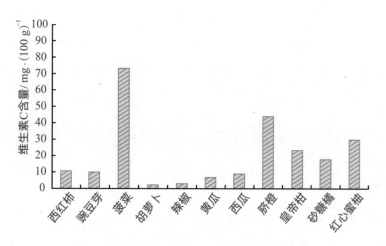

图 3.56 │ 11种果蔬中 L(+)-抗坏血酸的含量

 科学视野

维生素C含量检测方法的介绍

碘滴定法：基于碘单质对维生素C的氧化能力，以淀粉作指示剂，用碘标准溶液滴定含维生素C的样液。此方法成本较低、变色敏锐、结果可靠，但过程烦琐，耗时较长。

荧光法：活性炭将维生素C氧化成脱氢抗坏血酸，脱氢抗坏血酸再与荧光底物邻苯二胺反应生成荧光物质，其荧光强度与维生素C的浓度在某种条件下正相关。此方法灵敏度高、线性关系好，但邻苯二胺本身具有一定的光谱干扰性，且活性炭可吸附维生素C。

紫外-可见分光光度法：酸性条件下维生素C在紫外光谱245 nm左右有最大吸收峰，通过建立维生素C含量的标准曲线，对样品中所含维生素C进行定量测定。该方法操作简单快速、检测限低、试剂易得，但维生素C易受温度、光照等的影响，仪器价格也较昂贵。

高效液相色谱法：以磷酸二氢钾、十六烷基三甲基溴化铵、磷酸、甲醇的混合试剂为流动相，用偏磷酸溶液溶解样品中的维生素C，再经过进一步的超声提取、反向色谱柱分离后用液相色谱仪于245 nm波长处测定。此方法分离效率高、检测灵敏、稳定性好，但检测成本高、耗时长，且偏磷酸带有剧毒。

钼蓝比色法：磷钼酸铵与还原性维生素C发生氧化还原反应，生成蓝色的钼蓝化合物，再通过分光光度计检测试样中还原性维生素C的含量。此方法操作相对简单、反应迅速、准确度较高，但最大吸收波长各有不同，应根据具体实验条件做进一步优化。

实验 3-19 比色法测定抗贫血药物中铁的含量

实验目的

1. 练习用比色管配制一定物质的量浓度的溶液，并用目视比色法测定待测溶液某组分的含量。

2. 进一步练习利用滴定管、容量瓶量取、配制一定物质的量浓度的溶液。

实验原理

某些抗贫血药物里含有铁元素，如硫酸亚铁、葡萄糖酸亚铁等。将含铁药物经溶解、氧化处理后，利用 Fe^{3+} 与 SCN^- 生成较稳定的血红色 $Fe(SCN)_3$ 的性质，而后用比色法测定 Fe^{3+} 浓度，进而确定药物的铁含量。

实验用品

分析天平、酸式滴定管、滴定管夹、100 mL容量瓶、滴管、量筒、烧杯、25 mL比色管（5支）、三脚架、石棉网、玻璃棒。

抗贫血药（如硫酸亚铁）、2.00×10^{-2} mol/L的 Fe^{3+} 标准溶液、5% KSCN 溶液、pH=4的 CH_3COOH-CH_3COONa 溶液、1:1 HNO_3 溶液、蒸馏水、pH试纸。

实验步骤

1. 配制系列标准溶液

（1）用2.00×10^{-2} mol/L Fe^{3+} 标准溶液润洗酸式滴定管并装入该标准溶液，调节并记录液面刻度后，用4支25 mL比色管分别量取6.00 mL、6.50 mL、7.00 mL、7.50 mL上述溶液。

（2）在上述比色管中各加入1.0 mL 5% KSCN 溶液、2.5 mL CH_3COOH-CH_3COONa 溶液。

（3）向上述各比色管中加入蒸馏水稀释至刻度，摇匀，配制成4种不同浓度的标准溶液（如图3.57所示）。为这4种浓度的溶液顺序编号并分别计算出它们的物质的量浓度。

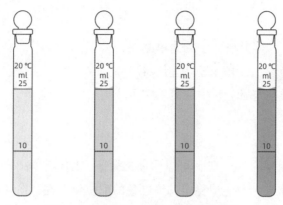

图 3.57 | 铁的有色配合物标准溶液

2. 配制待测样品的溶液

（1）用分析天平准确称量一片抗贫血药片，记录其质量。

（2）将称量过的抗贫血药片放入50 mL烧杯中，加入1~2 mL蒸馏水使药片溶解，加入2 mL 1:1的 HNO₃ 溶液，加热2~3 min，静置。待液体冷却至室温，移入100 mL容量瓶中，用蒸馏水冲洗烧杯，洗液转移至容量瓶中。

（3）向容量瓶中加入4.0 mL 5% KSCN 溶液和10.0 mL CH₃COOH-CH₃COONa 溶液，再加蒸馏水稀释至刻度，配制成100 mL一定物质的量浓度的待测样品溶液。

（4）将上述待测样品溶液移入25 mL比色管中。

3. 比色测定

（1）将待测样品溶液与4种浓度的标准溶液进行比较，确定待测物质的溶液中 Fe^{3+} 浓度的范围。

（2）根据药片质量和所测溶液中 Fe^{3+} 的含量，计算该抗贫血药片的铁含量（质量分数）。

交流研讨

1. 抗贫血药片溶于水后，为什么要加 HNO₃ 并加热？

2. 本实验中，量取标准溶液用滴定管，量取 HNO₃、KSCN 溶液和 CH₃COOH-CH₃COONa 溶液是否也必须用滴定管？为什么？

实验 3-20 分光光度法测定菠菜中铁元素的含量

实验目的

1. 了解分光光度法等分析方法的简单原理。
2. 学会使用移液管、分光光度计等仪器。
3. 知道标准曲线在定量分析中的简单应用。

实验原理

测定水溶液中微量的 Fe^{2+} 时，可以用邻二氮菲（1,10-菲咯啉，也称邻菲咯啉）作为显色剂。邻二氮菲与 Fe^{2+} 生成稳定的橙红色的配位化合物，在 490~510 nm区间有特征吸收峰，测量该物质对光吸收的程度与物质浓度之间的关系，计算出待测液中 Fe^{2+} 的浓度，进而求出菠菜中铁元素的含量。

实验用品

分析天平、烧杯、玻璃棒、1 L容量瓶、500 mL容量瓶、50 mL容量瓶、移液管、比色皿、分光光度传感器。

$NH_4Fe(SO_4)_2 \cdot 12H_2O$、6 mol/L盐酸、蒸馏水、10%盐酸羟胺溶液、0.15%邻二氮菲溶液、1 mol/L CH_3COONa 溶液、菠菜。

实验步骤

1. 标准系列溶液的配制

称取硫酸铁铵[$NH_4Fe(SO_4)_2 \cdot 12H_2O$]固体8.634 g 置于烧杯中，加入20 mL 6 mol/L盐酸，再加入少量蒸馏水溶解，转移至1 L容量瓶中定容至刻度。用移液管移取此溶液10 mL，转移至500 mL容量瓶中并用蒸馏水稀释、定容，得到浓度为20 mg/L的铁标准溶液。

取6只50 mL容量瓶，分别移取20 mg/L 铁标准溶液0 mL、1.00 mL、 2.00 mL、3.00 mL、4.00 mL、5.00 mL，然后各加入10%盐酸羟胺溶液1 mL、0.15%邻二氮菲溶液2 mL和1 mol/L CH_3COONa 溶液5 mL，再分别用蒸馏水定容，摇匀即得到一系列铁的有色配合物标准溶液。

2. 测定铁有色配合物溶液的可见光谱

取少量溶液润洗比色皿2~3次后，注入样品至比色皿约2/3容积，用分光光度传感器进行全光谱测定，找到最大的吸收波长。

实验可知，用邻二氮菲显色进行微量铁含量分析，适宜吸收波长范围为490~510 nm。

3. 标准曲线的绘制

用分光光度传感器，设置吸收波长并进行实验。在最大吸收波长处，用空白溶液作参照，从低浓度到高浓度，依次测定6份标准溶液的吸光度。以 Fe^{2+} 浓度为横坐标、吸光度为纵坐标，并进行线性拟合得到标准曲线。图3.58就是用505.3 nm波长测定并绘制的标准曲线。

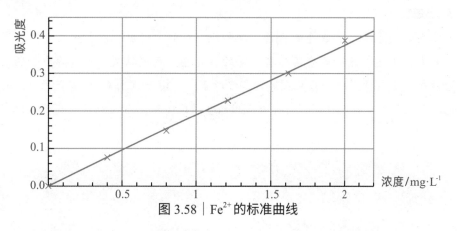

图 3.58｜Fe^{2+} 的标准曲线

4. 处理菠菜样品

进行多次实验测定，将每次实验的数据记录在表3.9中，并进行处理。

表 3.9｜数据记录与处理

实验次数	菠菜质量/g	待测液吸光度	待测液浓度/$\mu g \cdot L^{-1}$	菠菜中铁元素含量/$mg \cdot (100\ g)^{-1}$
1				
2				
3				

交流研讨

1. 分光光度法对配制标准溶液的浓度有什么要求？为什么？

2. 硫酸铜溶液是蓝色溶液，你能否运用分光光度法测定硫酸铜结晶水含量？

铁元素与人体健康

铁元素是人体中含量最高的必需微量元素，承担着极其重要的生理功能。血红蛋白分子含有 Fe^{2+}，正是这些 Fe^{2+} 使血红蛋白分子具有载氧功能，如果由于某种原因血红蛋白分子中的 Fe^{2+} 被氧化成 Fe^{3+}，这种血红蛋白分子就会丧失载氧能力，使人体出现缺氧症状。

人体内的铁元素主要来源于食物。动物血、肝脏、骨髓以及蛋黄、菠菜、木耳、葡萄、红枣、大豆、芝麻等食物含有丰富的铁元素。研究结果显示，源自食物中的铁元素主要在小肠内被吸收，并且人体只能吸收 Fe^{2+}。由于维生素C具有还原性，可以将 Fe^{3+} 还原成 Fe^{2+}，如图3.59所示，所以食用维生素C含量较高的食物有利于人体对铁元素的吸收。

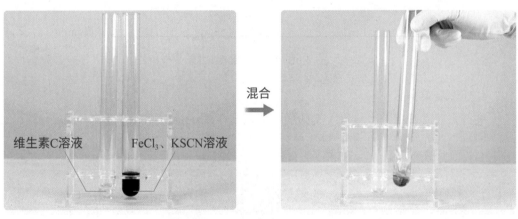

▶ 图 3.59 | 维生素C与 Fe^{3+} 反应

3.6 物质的制备

日常生活、工农业生产和科学研究都离不开物质的制备。例如，化工原料的生产、新药的研发、新材料的合成等。在实验室中，我们也有制备物质的经验，如 O_2、CO_2 和乙酸乙酯等物质的制取。

在制备物质时，通常根据目标产品的组成确定原料及反应原理，设计反应路径，选择合适的仪器并搭建实验装置，在一定实验条件下进行制备，最后根据产品的性质将其分离提纯出来。整个过程如图3.60所示。

分析目标产品 → 选择合适原料 → 确定反应原理 → 设计反应路径 → 设计反应装置 → 控制反应条件 → 分离提纯产品

图3.60 | 制备物质的一般流程

上述过程中的每一个环节都会影响所制备物质的质和量，所以设计实验方案时需要注意以下问题：

（1）选择的原料中必须含有目标产品中的组分或新化合物中的某个"子结构"（或可能转化为某个"子结构"）。例如，工业上生产氯气，选择含氯元素且自然界中易获得的 NaCl 为原料。又如，阿司匹林是一种重要的合成药，具有解热镇痛的作用，化学名称为乙酰水杨酸，其结构为 [结构式], 通常选择具有"子结构"的水杨酸 [结构式] 为原料生产。该反应的原理为

（2）当原料确定之后，应根据原料性质、设备条件等设计反应路径。例如，工业上用洗净的废铜屑作原料来制备 $Cu(NO_3)_2$，有以下几种方案：

方案1：$Cu + 4HNO_3（浓）= Cu(NO_3)_2 + 2NO_2\uparrow + 2H_2O$

方案2：$3Cu + 8HNO_3（稀）= 3Cu(NO_3)_2 + 2NO\uparrow + 4H_2O$

方案3：$2Cu + O_2 \xrightarrow{\triangle} 2CuO$，$CuO + 2HNO_3 = Cu(NO_3)_2 + H_2O$

三个制备方案中，前两个方案均会产生有毒气体，实验中应尽量避免。另外，要

得到相同物质的量的 $Cu(NO_3)_2$，三个方案中所需 HNO_3 的物质的量之比为4:(8/3):2，可知方案3中 HNO_3 的利用率最高。通过对比，方案3较为合理。

（3）确定反应路径后，反应条件的控制也十分重要，因为不同的实验条件下，反应的速率和进行程度，以及所得生成物的状态、性质等也不尽相同。例如，卤代烃在加热条件下与 NaOH 的水溶液反应生成醇，而与 NaOH 的醇溶液反应则生成不饱和烃。

因此，在设计物质制备的实验方案时，要综合考虑上述流程中的每个环节。制备物质时一般遵循的原则是：原料廉价，原理绿色，条件温和，装置简单，分离方便。

实验 3-21 硫酸亚铁铵的制备

实验目的

1. 以废铁屑制备硫酸亚铁铵为例，了解物质制备的过程。
2. 掌握过滤、蒸发、洗涤等基本操作。
3. 了解利用溶解度的差异制备物质的过程。

实验原理

硫酸亚铁铵为浅绿色晶体，易溶于水，难溶于乙醇，其化学式为 $(NH_4)_2SO_4 \cdot FeSO_4 \cdot 6H_2O$，商品名称为莫尔盐，是一种复盐。一般亚铁盐在空气中易被氧气氧化，形成复盐后比较稳定。

铁能与稀硫酸反应生成硫酸亚铁，硫酸亚铁可与等物质的量的硫酸铵反应生成硫酸亚铁铵。反应的化学方程式如下：

> **复盐**
>
> 两种不同的金属离子和一种酸根离子所形成的盐叫作复盐。复盐的溶解度通常小于构成它的每个组分。

$$Fe + H_2SO_4 = FeSO_4 + H_2 \uparrow$$

$$FeSO_4 + (NH_4)_2SO_4 + 6H_2O = (NH_4)_2SO_4 \cdot FeSO_4 \cdot 6H_2O$$

硫酸亚铁铵在水中的溶解度比组成它的每一种盐的溶解度都小（见表3.10），利用这一性质将含有 $FeSO_4$ 和 $(NH_4)_2SO_4$ 的溶液蒸发浓缩，冷却结晶可得到硫酸亚铁铵晶体。

表 3.10 | 三种盐的溶解度（单位为 g/100 g H₂O）

温度/℃	FeSO₄·7H₂O	(NH₄)₂SO₄	(NH₄)₂SO₄·FeSO₄·6H₂O
10	20.0	73.0	17.2
20	26.5	75.4	21.6
30	32.9	78.0	28.1

实验设计

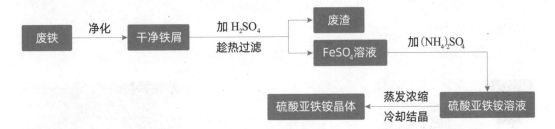

实验用品

锥形瓶、蒸发皿、酒精灯、石棉网、玻璃棒、烧杯、铁架台、漏斗、天平、药匙、量筒、滤纸、坩埚钳。

10% Na₂CO₃ 溶液、铁屑、3 mol/L H₂SO₄ 溶液、(NH₄)₂SO₄ 固体、无水乙醇。

实验步骤

1. 铁屑的处理和称量

称取 3 g 铁屑，放入锥形瓶，加入 15 mL 10% Na₂CO₃ 溶液，小火加热 10 min 除去铁屑表面的油污，用倾析法倒掉剩余的碱液，再用蒸馏水把 Fe 冲洗干净，干燥后称其质量，记为 $m_1(Fe)$，备用。

2. FeSO₄ 的制备

将称量好的铁屑放入锥形瓶中，加入 15 mL 3 mol/L H₂SO₄ 溶液，放在水浴中加热至不再有气体生成为止（实验中有氢气生成，用明火加热注意安全）。趁热过滤，并用少量热水洗涤锥形瓶及滤纸，将滤液和洗涤液一起转移至蒸发皿中。将滤纸上的固体干燥后称重，记为 $m_2(Fe)$。反应消耗的 Fe 的质量 $m(Fe)= m_1(Fe)- m_2(Fe)$，进而可计算出生成 FeSO₄ 的物质的量。

3. $(NH_4)_2SO_4 \cdot FeSO_4 \cdot 6H_2O$ 的制备

根据 $FeSO_4$ 的物质的量，计算等物质的量的 $(NH_4)_2SO_4$ 的质量，称取 $(NH_4)_2SO_4$ 并将其加入步骤2的蒸发皿中，缓缓加热，浓缩至表面出现结晶薄膜为止。放置冷却，得到硫酸亚铁铵的晶体。过滤后用无水乙醇洗涤晶体，除去其表面的水分，观察生成的硫酸亚铁铵的颜色和状态。

4. 称量硫酸亚铁铵的质量

取出硫酸亚铁铵晶体，并用干净的滤纸吸干，称量其质量，计算产率。

上述实验过程如图3.61所示。

（a）铁屑的处理

（b）$FeSO_4$ 的制备

（c）$(NH_4)_2SO_4 \cdot FeSO_4 \cdot 6H_2O$ 的制备

图 3.61 | 硫酸亚铁铵的制备

注意事项

1. 在铁屑与稀硫酸反应的过程中，铁要稍微过量，防止生成的 $FeSO_4$ 被氧化。

2. $FeSO_4$ 溶液一定要趁热过滤以防止晶体析出。

3. 浓缩结晶莫尔盐时要用小火加热，防止莫尔盐失水。加热浓缩初期可轻微搅拌，但注意观察晶膜，若有晶膜出现，则停止加热，不宜再搅拌。

交流研讨

1. 哪些措施可以使 $FeSO_4$ 和 $(NH_4)_2SO_4$ 之间的物质的量相等？

2. 制取硫酸亚铁铵时，能否加热浓缩至干，为什么？

3. 若要加快过滤速度，可采用什么方法？

4. FeSO₄溶液在空气中容易变质，在操作时应注意什么？

资料卡片

倾析法

当沉淀的结晶颗粒较大，静置后沉降至容器底部时，常用倾析法进行分离或洗涤。倾析法的操作如图3.62所示。静置后，将烧杯中的上层清液沿玻璃棒缓慢地倒入另一容器内，使沉淀与清液分离。若沉淀物要洗涤，可注入水（或其他洗涤液）充分搅拌后使沉淀沉降，再用上述方法将清液倒出，如此重复数次，直到沉淀洗净。

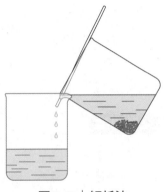

图 3.62 | 倾析法

实验 3-22 氨氧化法制硝酸

思考与讨论

1. 以氨气为原料制备硝酸的反应原理是什么？写出有关反应的化学方程式。

2. 你将如何获取氨气和氧气？说明理由。

3. 在氨氧化的过程中，氨气能否全部被氧化？如果有未被氧化的氨气，是否需要除去？应怎样除去？

4. 在制备硝酸的过程中，是否存在污染问题？如果存在，你将如何解决？

5. 请你绘制氨氧化法制硝酸的流程图和简易装置图，并注明所用试剂。

实验目的

1. 了解氨催化氧化成一氧化氮并经转化吸收制取硝酸的原理和方法。

2. 了解反应物浓度、催化剂等条件对物质制备的影响。

3. 初步掌握根据反应原理设计物质制备实验方案的基本思路。

4. 初步掌握连接复杂反应装置的基本操作。

实验原理

在一定温度和催化剂作用下，NH_3 被催化氧化成 NO，NO 极易氧化成 NO_2，NO_2 被水吸收生成 HNO_3 和 NO。利用这个原理来制备硝酸，方程式如下：

$$4NH_3 + 5O_2 \xrightarrow[\triangle]{催化剂} 4NO + 6H_2O$$

$$2NO + O_2 == 2NO_2$$

$$3NO_2 + H_2O == 2HNO_3 + NO$$

实验用品

硬质玻璃管、量筒、滴管、铁架台、酒精灯、石棉网、玻璃纤维、气唧、乳胶管（或橡胶管）、干燥管、广口瓶、火柴、药匙。

氨水（浓氨水与水体积比为1.5∶1）、$(NH_4)_2Cr_2O_7$、无水 $CaCl_2$、石蕊溶液、NaOH 溶液。

⚠ 安全提示

浓氨水易挥发，有毒，对眼睛、呼吸道、皮肤有刺激性和腐蚀性，能使人窒息。

实验步骤

1. 催化剂 Cr_2O_3 的制备。将 $(NH_4)_2Cr_2O_7$ 堆放在石棉网上，用酒精灯加热；当重铬酸铵开始分解时停止加热，反应能继续进行，直至完全生成暗绿色的 Cr_2O_3 为止。反应的化学方程式为

$$(NH_4)_2Cr_2O_7 \xrightarrow{\triangle} N_2\uparrow + 4H_2O\uparrow + Cr_2O_3$$

2. 组装仪器。按图3.63所示组装仪器，并检查装置的气密性。

3. 添加试剂。在各仪器中加入相应的试剂。

4. 制备硝酸。先用酒精灯加热催化剂约2 min，直至催化剂呈现暗红色或红色。停止加热，用气唧缓缓地、均匀地向氨水中鼓入空气，鼓气速度以维持催化剂红热为宜。观察实验现象，做好记录。

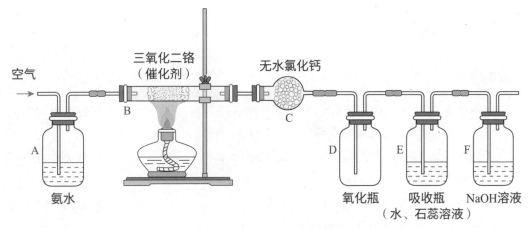

空气

三氧化二铬
（催化剂）

无水氯化钙

B

C

A

氨水

D
氧化瓶

E
吸收瓶
（水、石蕊溶液）

F
NaOH溶液

图 3.63 | 氨氧化法制硝酸

注意事项

1. Cr_2O_3 久置活性会降低，必须现用现制。

2. 整个装置体系要保证气路畅通，且不漏气。所用仪器必须干燥，尤其是硬质玻璃管和空瓶。

3. 用气唧鼓气要适中，鼓气太快，氨未完全催化氧化，而且气流过快会使反应体系温度下降不利于催化氧化的进行。鼓气太慢，则氧气不足。二者均会在空的洗气瓶中形成白色烟雾（硝酸铵微粒），而观察不到红棕色气体。

交流研讨

1. 装置中无水氯化钙的作用是什么？

2. 装置中紫色石蕊溶液的作用是什么？

3. 如何检查装置的气密性？

4. 生成的 NO_2 能全部被水吸收吗？影响水吸收 NO_2 的因素可能有哪些？

5. 控制好通过催化剂的氨气的量是实验成功的关键条件之一。请你分析哪些因素会影响通入的氨气量。

6. 实验室制硝酸时，为什么选择氨水做原料？工业生产硝酸时，为什么以氨气为原料？

7. 你认为实验室研究与工业生产有哪些区别与联系？

科学视野

工业制硝酸

在工业生产中，氨氧化法制硝酸包括氨的催化氧化、NO 转化为 NO_2、NO_2 的吸收、NO 的循环利用、尾气处理等环节（图3.64）。

在氨的催化氧化反应中，工业上一般以铂-铑-钯合金作催化剂，并控制 NH_3 与 O_2 的体积比约为1:1.7。

在 NO 的氧化反应中，低温、加压有利于提高反应转化率，通常在810 kPa、200 ℃以下反应，转化率较大。

在 NO_2 与水的反应中，由于受到反应转化率的限制，只能获得稀 HNO_3。工业上为了获得浓 HNO_3，常在吸收塔后面增加浓缩设备。

尾气中还残留有氮的氧化物。为了防止环境污染，工业上有溶液吸收法和催化还原法两种尾气处理方法。后者在催化剂条件下利用 NH_3、CH_4 等使氮的氧化物还原为 N_2 和 H_2O，操作方便，尾气吸收效果更好。

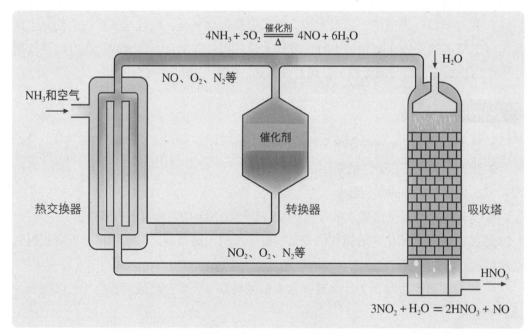

▶ 图 3.64 ｜工业制硝酸

实验 3-23 肥皂的制备

实验目的

1. 了解实验室制取肥皂的一般原理和方法。
2. 了解盐析的原理和方法。
3. 进一步掌握有关实验的基本操作。

实验原理

肥皂的主要成分是高级脂肪酸钠，可由动物脂肪或植物油与 NaOH 溶液发生皂化反应制取。

$$
\begin{array}{l}
CH_2OOCR_1 \\
CHOOCR_2 + 3NaOH \longrightarrow \\
CH_2OOCR_3
\end{array}
\quad
\begin{array}{l}
CH_2OH \quad R_1COONa \\
CHOH + R_2COONa \\
CH_2OH \quad R_3COONa
\end{array}
$$

油脂 　　　　　　　　　甘油　　高级脂肪酸钠

反应完成后，得到高级脂肪酸钠、甘油和水的混合物。然后向其中加入饱和食盐水（或食盐细粒）以降低高级脂肪酸钠的溶解度，使其从混合物中析出。这个过程叫作盐析（salting out）。

最后将分离出的高级脂肪酸钠与填充剂（如松香、硅酸钠等）混合，再成形、干燥，即可制得肥皂。

实验用品

烧杯、量筒、玻璃棒、三脚架、石棉网、纱布、皮筋、模具。

油脂、无水乙醇、30% NaOH 溶液、饱和食盐水、Na_2SiO_3 饱和溶液。

实验步骤

1. 皂化

向烧杯中加入20 g 油脂、10 mL无水乙醇、22 mL 30%的 NaOH 溶液，加热搅拌。当液面出现泡沫后，加快搅拌；当泡沫覆盖整个液面时，停止加热。

2. 盐析

向皂化产物中缓缓加入适量的饱和食盐水（或食盐细粒）并搅拌，冷却后，分离出上层的高级脂肪酸钠。

3. 定形

向分离出的高级脂肪酸钠中加入4 mL Na$_2$SiO$_3$饱和溶液（或4 g 松香），倒入模具中，冷凝固化。

上述实验过程如图3.65所示。

▶ 图 3.65 | 肥皂的制备

注意事项

1. 皂化时，加入少量乙醇并不断搅拌，可以加快皂化反应。

2. 加热过程中温度不宜过高，保持在60~70 ℃，并不断搅拌以防止暴沸。

交流研讨

查找资料，了解透明肥皂、药皂、香皂等的制备方法。

拓展实验

厨房中制胶水：将20 mL的脱脂牛奶倒入杯中，加入5 mL食醋，充分搅拌，过滤，取滤渣。在滤渣中加入绿豆大的小苏打，充分搅拌后即得胶水。

 **知识拓展**

肥皂的去污原理

肥皂的主要成分是高级脂肪酸钠盐。它在水溶液中能电离出 Na^+ 和 $RCOO^-$，在 $RCOO^-$ 原子团中，极性的—COO^- 部分易溶于水，叫作亲水基，而非极性的烃基—R 部分易溶于油，叫作憎水基，也叫作亲油基，具有亲油性。

如图3.66所示，当肥皂与油污相遇时，亲水基的一端溶于水中，而憎水基的一端则溶入油污中，这样油污就被包围起来，再经过搓洗作用，油污则脱离织物并分散成细小的油渍进入肥皂液中，形成乳浊液。这时，肥皂液中的憎水烃基就插入搓洗下来的油滴颗粒里，而亲水的—COO^- 部分则伸向水中，由于油滴颗粒被一层亲水基团包围而不能彼此结合，因此，经水漂洗后就可达到去污的目的。

合成洗涤剂的分子也由亲水基团和亲油基团两部分组成，它的去污原理与肥皂相似。

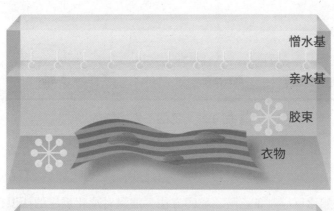

▶ 图3.66 | 肥皂去污原理

实验 3-24 乙酸乙酯的制备及反应条件探究

 思考与讨论

回忆必修中的酯化反应实验，思考下列问题：

1. 写出乙酸和乙醇反应生成乙酸乙酯，以及可能发生的副反应的化学方程式。

2. 在实验过程中，可以采取哪些措施提高乙酸乙酯的产率？

3. 人教版普通高中课程标准实验教科书《化学》必修第二册中用如图3.67所示装置制取乙酸乙酯，你认为这套装置有哪些优点？有哪些不足之处？应如何改进？

▶ 图 3.67｜乙酸乙酯的制备

实验目的

1. 掌握利用酯化反应制备乙酸乙酯的方法，加深对酯化反应的认识。

2. 初步掌握回流、蒸馏、洗涤和干燥液态有机化合物的基本操作。

3. 体验通过实验的方法获取知识的过程。

实验原理

乙酸乙酯是一种有机酸酯，它可以出乙酸与乙醇在浓硫酸作催化剂和加热条件下生成：

$$CH_3COOH + CH_3CH_2OH \underset{\triangle}{\overset{浓硫酸}{\rightleftharpoons}} CH_3COOCH_2CH_3 + H_2O$$

该反应为可逆反应。

铁架台、圆底烧瓶、量筒、球形冷凝管、直形冷凝管、电加热套、温度计、锥形瓶、分液漏斗、烧杯、玻璃棒、天平。

乙醇、冰醋酸、浓硫酸、饱和 Na_2CO_3 溶液、饱和 NaCl 溶液、饱和 $CaCl_2$ 溶液、无水 $MgSO_4$、pH试纸。

实验方案设计中所需的其他用品。

安全提示

浓硫酸具有腐蚀性，取用时应避免沾到皮肤或衣服上。对于涉及浓硫酸的实验，建议由教师辅助学生完成。

实验步骤

1. 乙酸乙酯的制备与纯化

（1）反应回流。在干燥的100 mL圆底烧瓶中加入体积比为1:1的乙醇（10 mL）和冰醋酸（10 mL），再加入乙醇（5 mL）和浓硫酸（2 mL）的混合物，最后加入几片碎瓷片（或沸石）。将圆底烧瓶与球形冷凝管连接，通入冷凝水，用电加热套加热圆底烧瓶，并保持温度为110~120 ℃，缓慢回流约0.5 h，如图3.68（a）所示。

（2）产物蒸馏提纯。反应后将回流装置改装成蒸馏装置，如图3.68（b）所示，用电加热套加热圆底烧瓶，控制温度在80 ℃以下，获得粗产品。

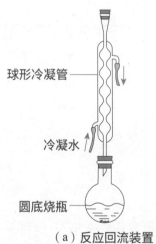

（a）反应回流装置
（夹持仪器和加热装置略）

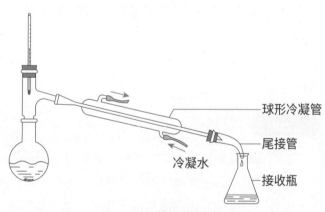

（b）蒸馏装置
（夹持仪器和加热装置略）

图 3.68 | 乙酸乙酯的制备

在获得的粗产品中缓慢加入饱和 Na_2CO_3 溶液，并轻轻摇动锥形瓶至无 CO_2 逸出，分液保留酯层；在酯层中加入等体积的饱和 NaCl 溶液，充分混匀，以洗出酯层中的少量 Na_2CO_3，酯层用pH试纸检验呈中性，分液保留酯层；向产品中继续加入饱和 $CaCl_2$ 溶液，充分混匀，以去除酯层中的乙醇，分液保留酯层；向产品中加入无水 $MgSO_4$，干燥；对产品再次蒸馏，收集77 ℃左右的馏分。

2.设计实验

探究浓硫酸在生成乙酸乙酯反应中的作用。

提示：可从下述几方面进行实验探究：

（1）比较有、无浓硫酸存在条件下酯化反应进行的快慢。

（2）比较在 H^+ 含量相同的稀硫酸、稀盐酸作用下，酯化反应的快慢。

（3）综合上述比较实验结果，根据酸的共性和浓硫酸的特性，分析、推测浓硫酸在合成乙酸乙酯中的作用。

注意事项

1.乙醇和浓硫酸混合时，需将浓硫酸加入乙醇中。

2.回流时要通过调节冷凝水流速及热源温度来控制回流速度，以液体蒸气浸润界面不超过冷凝管有效冷却长度的1/3为宜。

3.结束回流时先停止加热再关冷凝水，中途不得断水。

4."探究浓硫酸在生成乙酸乙酯反应中的作用"实验中，每次实验乙酸和乙醇取用的体积要相同，加热的时间也要相同，这样更有可比性。另外为了操作更简便可以采用必修教材中制备乙酸乙酯的装置，通过用直尺测量有机层的厚度来比较酯化反应的快慢。

交流研讨

1.物质的量相等的乙酸和乙醇，是否可全部转化为乙酸乙酯？为什么？

2.本实验中，浓硫酸除做催化剂外，还有什么作用？

3.加入 Na_2CO_3 饱和溶液的作用是什么？能否用 NaOH 溶液代替 Na_2CO_3 饱和溶液？为什么？

乙酸乙酯的工业制法

乙酸乙酯的工业制法除了传统的乙酸酯化法外，还有乙醛缩合法、乙醇脱氢法和乙烯加成法等。这些方法的主要反应的化学方程式如下：

乙醛缩合法 $2CH_3CHO \longrightarrow CH_3COOCH_2CH_3$

乙醇脱氢法 $2C_2H_5OH \longrightarrow CH_3COOCH_2CH_3 + 2H_2\uparrow$

乙烯加成法 $CH_2=CH_2 + CH_3COOH \longrightarrow CH_3COOCH_2CH_3$

传统的酯化法由于成本高、腐蚀设备等缺点，已逐渐被淘汰；乙醛缩合法和乙醇脱氢法由于在生产成本和环境保护等方面都有明显的优势，成为目前工业生产的主要方法；乙烯加成法是最新的乙酸乙酯生产方法，现已用于工业生产。

 **章末总结**

知识图谱

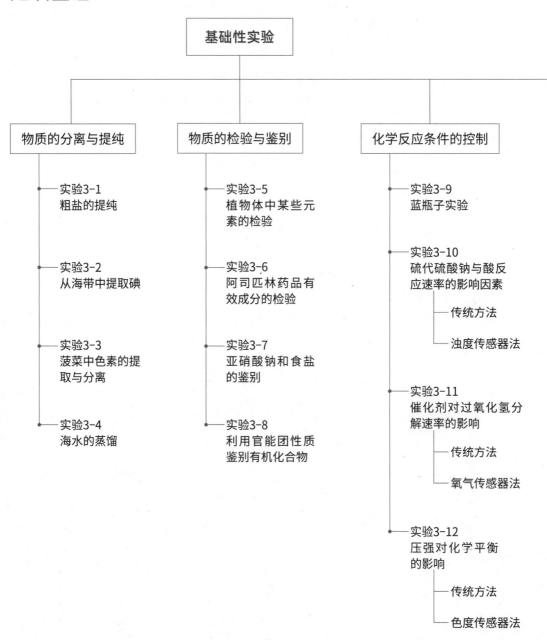

```
                          ┌──────────────┐
                          │  基础性实验   │
                          └──────┬───────┘
         ┌───────────────────────┼───────────────────────┐
┌──────────────┐      ┌──────────────┐      ┌──────────────────┐
│ 物质的分离与提纯 │      │ 物质的检验与鉴别 │      │ 化学反应条件的控制 │
└──────────────┘      └──────────────┘      └──────────────────┘
```

物质的分离与提纯
- 实验3-1 粗盐的提纯
- 实验3-2 从海带中提取碘
- 实验3-3 菠菜中色素的提取与分离
- 实验3-4 海水的蒸馏

物质的检验与鉴别
- 实验3-5 植物体中某些元素的检验
- 实验3-6 阿司匹林药品有效成分的检验
- 实验3-7 亚硝酸钠和食盐的鉴别
- 实验3-8 利用官能团性质鉴别有机化合物

化学反应条件的控制
- 实验3-9 蓝瓶子实验
- 实验3-10 硫代硫酸钠与酸反应速率的影响因素
  - 传统方法
  - 浊度传感器法
- 实验3-11 催化剂对过氧化氢分解速率的影响
  - 传统方法
  - 氧气传感器法
- 实验3-12 压强对化学平衡的影响
  - 传统方法
  - 色度传感器法

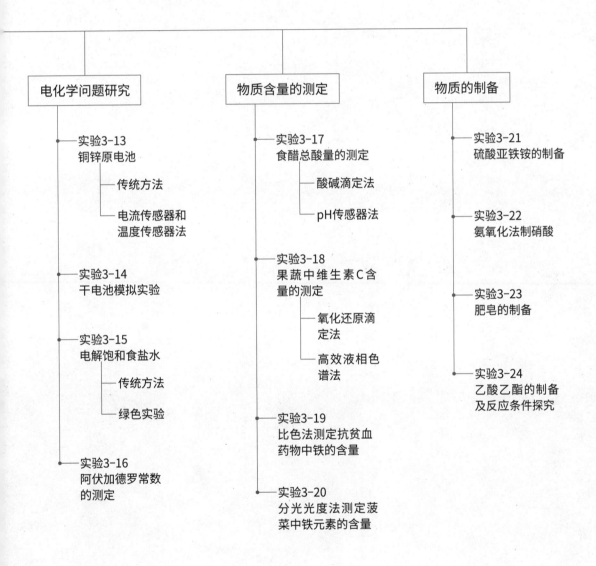

电化学问题研究

实验3-13
铜锌原电池

传统方法

电流传感器和
温度传感器法

实验3-14
干电池模拟实验

实验3-15
电解饱和食盐水

传统方法

绿色实验

实验3-16
阿伏加德罗常数
的测定

物质含量的测定

实验3-17
食醋总酸量的测定

酸碱滴定法

pH传感器法

实验3-18
果蔬中维生素C含
量的测定

氧化还原滴
定法

高效液相色
谱法

实验3-19
比色法测定抗贫血
药物中铁的含量

实验3-20
分光光度法测定菠
菜中铁元素的含量

物质的制备

实验3-21
硫酸亚铁铵的制备

实验3-22
氨氧化法制硝酸

实验3-23
肥皂的制备

实验3-24
乙酸乙酯的制备
及反应条件探究

4.1 物质性质的研究

我们研究物质的性质或反应的规律时，一般先思考以下两个方面：一是对于研究对象已经知道些什么；二是在此基础上还想了解什么。然后再综合考虑反应条件等可行性因素，才能进行实验探究。

实验探究是一个复杂的过程，主要可概括为四步：一是要明确我们想要知道什么或证明什么，也就是要提出想要探究的问题，即实验目的；二是要选择合适的方法，包括化学反应、仪器、反应条件等，设计出实验探究的具体步骤；三是要认真、规范地进行实验，如实记录实验数据、现象；四是要对实验结果进行认真的整理、讨论、分析，得出结论。

实验 4-1 纯净物与混合物性质的比较

实验目的

1. 比较纯水与水溶液的凝固点的不同。
2. 设计实验，比较合金与纯金属的硬度、熔点及抗腐蚀性的区别。
3. 了解研究不同类物质的性质的方法。

实验原理

比较不同液体的凝固点：通过直接测量不同液体的凝固温度或不同液体在相同温度下凝固的难易程度，进而比较它们的凝固点高低。

比较单质金属与合金的某些性质：通过单质金属与合金相互刻画，比较两者硬度的大小；通过比较单质金属与合金在相同的加热条件下熔化的难易程度，比较两者熔点的高低；通过单质金属与不同合金在相同条件下与酸的反应，或将其浸泡在食盐水中一段时间后比较两者的抗腐蚀能力。

实验用品

温度计、玻璃棒、试管、药匙、烧杯、细木条。

甘油溶液、粗盐、蒸馏水、冰块、铜片、铁片、锡片、黄铜片（铜锌合金）、不锈钢（铁、镉、镍合金）、焊锡（铅锡合金）。

实验方案设计中所需的其他用品。

实验步骤

1. 比较水和水溶液的凝固点

（1）如图4.1所示，向大小相同的两支小试管中分别加入甘油溶液和蒸馏水各约半试管（等量），再各插入一根细木条，备用。

（2）向盛有冰水混合物（冰中加少量水）的烧杯中加入4~5药匙粗盐，搅拌，使其温度下降至-6~-5 ℃后，将上述两支试管同时放入冰水中冷却。6~7 min后，同时取出两支试管，观察现象，动一动两支试管中的细木条，有什么不同？

2. 比较纯金属与合金的某些性质

设计实验比较纯金属和合金的下列性质（图4.2）：

（1）硬度；

（2）熔点；

（3）抗腐蚀能力。

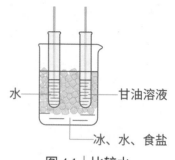

图 4.1 | 比较水和水溶液的凝固点

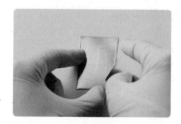  

（a）硬度　　　　　　（b）熔点　　　　　（c）抗腐蚀能力

▶ 图 4.2 | 纯金属和合金的性质比较

交流研讨

1. 物质的性质与哪些因素有关？请举例说明。

2. 通过比较水和水溶液的凝固点的实验，你可以得出什么结论？

3. 为什么甘油水溶液可作汽车防冻液、氯化钠可作融雪剂以及本实验中冰盐水可作制冷剂？

4. 为什么合金比纯金属的硬度大、熔点低？

1. 绳穿冰块：将细绳放在冰块上，并撒上少许盐，一段时间后，拿起细绳，可观察到冰块被提起来了。

2. 彩色"鸡尾酒"：实验过程如图4.3所示。

▶ 图 4.3 | 彩色"鸡尾酒"

实验 4-2 金属镁、铝、锌化学性质的探究

实验目的

1. 通过实验探究镁、铝、锌的一些化学性质或反应规律。
2. 了解通过实验研究同类物质性质的思路和方法。

实验研究思路

回忆必修教材中金属 Na、Al、Fe 的性质，总结金属的通性以及特性。在此基础上对于金属 Mg、Al、Zn 的化学性质，提出自己想要进一步探究的问题，并设计实验进行探究。

实验用品

镁条、铝片、锌粒或锌片。
实验方案设计中所需的其他用品。

提示：可从下述几方面进行实验探究：

1. 比较 Mg、Al、Zn 与盐酸反应速度的快慢。

2. Mg、Zn 是否像 Al 一样能与强碱反应？它们与氨水反应吗？

3. Mg、Zn 是否像 Na 一样能与水反应？像 Fe 一样在一定条件下能与水蒸气反应？

4. Mg 是否像 Al、Zn 一样置换出 $CuSO_4$ 溶液中的铜？

金属镁、铝、锌的化学性质如表4.1所示。

表 4.1 ｜ 金属镁、铝、锌化学性质的探究

实验内容	实验现象	实验结论
1. 向三支大小相同的试管中分别加入 5 mL 同浓度的盐酸，再同时分别加一小块镁条、铝片、锌片，观察现象，比较三者的反应速率	镁条表面产生的气泡最快，铝片次之，锌片最慢	与同浓度盐酸反应的速率：Mg > Al > Zn
2. 向三支试管中分别加入 5 mL 同浓度的 NaOH 溶液，再分别加一小块镁条、铝片、锌片，观察现象	镁条表面无气泡产生，铝片和锌片表面产生气泡	镁不与 NaOH 溶液反应，铝、锌与 NaOH 溶液反应
3. 向三支试管中分别加入 5 mL 同浓度的氨水，再分别加一小块镁条、铝片、锌片，观察现象	镁条和铝片表面无气泡产生，锌片表面产生气泡	镁、铝均不与氨水反应，锌与氨水反应

上述实验过程如图4.4所示。

▶ 图 4.4 ｜ 金属镁、铝、锌化学性质的探究

1. Mg、Al、Zn 与酸反应较剧烈，注意控制酸的浓度。
2. 金属使用前需除去表面的氧化膜。

交流研讨

通过实验探究，你对金属 Mg、Al、Zn 的化学性质有了哪些新的认识？与同学交流讨论。

拓展实验

设计实验方案检验Mg^{2+}、Zn^{2+}、Al^{3+}，并研究 $Zn(OH)_2$ 的两性（表4.2）。

表 4.2 | Mg^{2+}、Zn^{2+}、Al^{3+} 的检验及 $Zn(OH)_2$ 性质研究

取足量金属与稀盐酸充分反应后的澄清溶液		Mg^{2+}	Zn^{2+}	Al^{3+}
滴加适量NaOH 溶液，分为两份	向其中一份继续滴加 NaOH 溶液	沉淀不溶解	沉淀溶解	沉淀溶解
	另一份滴加盐酸	沉淀溶解	沉淀溶解	沉淀溶解
滴加氨水		沉淀不溶解	沉淀溶解	沉淀不溶解

实验 4-3 探究苯酚的化学性质

传统实验：探究苯酚的化学性质

实验目的

1. 认识苯酚的化学性质，了解酚羟基的性质。
2. 掌握通过官能团研究有机化合物性质的实验方法。

实验原理

苯酚是一元酚，其分子式是 C_6H_6O，结构可表示为

> **官能团**
>
> 有机化合物分子中决定有机化合物特性的原子或原子团叫作官能团。如—OH 是醇（或酚）的官能团，—COOH 是羧酸的官能团。

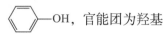—OH，官能团为羟基

（—OH），分子结构如图4.5所示。由于苯酚中的羟基和苯环直接相连，苯环对羟基产生影响，使酚羟基中的氢原子比醇羟基中的氢原子更活泼；羟基也对苯环产生影响，使苯环中位于羟基邻、对位上的氢原子较易被取代。

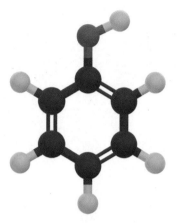

⚗ 图 4.5 | 苯酚分子结构模型

实验用品

试管、胶头滴管、药匙。

苯酚、石蕊溶液、5% NaOH 溶液、Na_2CO_3 溶液、饱和溴水、$FeCl_3$ 溶液、蒸馏水。

实验方案设计中所需的其他用品。

实验方案设计

提示：可从下述几个方面进行实验探究：

1. 预测并探究苯酚水溶液的酸碱性。

2. 通过实验观察苯酚溶液分别与溴水、$FeCl_3$ 溶液的反应。

实验方案实施

表4.3中的实验方案可供参考。

表 4.3 | 苯酚的主要化学性质

实验内容	实验现象
1. 向盛有苯酚溶液的试管中滴加几滴紫色石蕊溶液，观察现象	无明显现象
2. 向盛有苯酚浊液的试管中逐滴加入5% NaOH 溶液并振荡，观察现象	溶液变澄清
3. 向盛有苯酚溶液的试管中逐滴加入饱和溴水，边加边振荡，观察现象	产生白色沉淀
4. 向盛有少量苯酚稀溶液的试管中，滴入几滴 $FeCl_3$ 溶液，振荡，观察现象	溶液变成紫色

上述实验过程如图4.6所示。

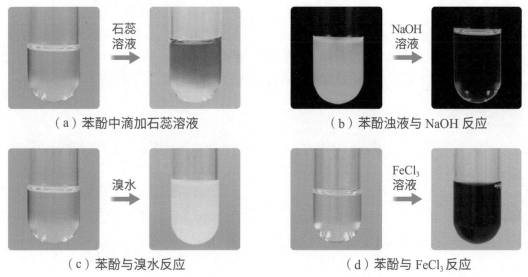

（a）苯酚中滴加石蕊溶液　　　　　（b）苯酚浊液与 NaOH 反应

（c）苯酚与溴水反应　　　　　　　（d）苯酚与 FeCl₃ 反应

▶ 图4.6 | 苯酚的主要化学性质

注意事项

1. 苯酚与 NaOH 溶液反应的实验中需选用苯酚浊液进行实验。

2. 苯酚与溴水反应的实验中，使用的苯酚溶液的浓度要小，溴水的浓度尽量大一些，以免生成的三溴苯酚溶于过量的苯酚中而观察不到明显的沉淀现象。

交流研讨

1. 有的同学向苯酚溶液中滴加溴水，有白色沉淀生成，振荡试管后，发现沉淀减少或消失了。为了进一步研究这一现象，他又向溴水中滴加苯酚溶液，有沉淀生成后振荡试管，发现沉淀没有减少。对于上述实验现象，你有什么看法？

2. 总结苯酚的性质，比较它与苯和乙醇性质的异同，并分析原因。

3. 现有一种废水水样，如何检验其中是否含有苯酚？

4. 设计实验比较盐酸、碳酸、苯酚的酸性强弱。

数字化实验：利用电导率传感器探究苯酚的化学性质[1]

1. 利用电导率传感器深入认识苯酚的酸性和取代反应。
2. 学习通过官能团研究有机化合物性质的实验方法。

实验原理

溶液的电导率表征溶液的导电性，电导率越大表示溶液导电性越强，即溶液中的离子浓度越大。

实验用品

计算机、GQY数字实验室平台、数据采集器、电导率传感器、烧杯、量筒、电子天平、磁力搅拌器。

0.1 mol/L HCl 溶液、0.1 mol/L CH_3COOH 溶液、0.1 mol/L苯酚溶液、0.1 mol/L乙醇溶液、蒸馏水、浓溴水。

实验步骤

1. 探究苯酚水溶液的酸碱性

向四只干燥的50 mL烧杯中，分别加入20 mL 0.1 mol/L 盐酸溶液、0.1 mol/L醋酸溶液、0.1 mol/L苯酚溶液、0.1 mol/L乙醇溶液，连接好电导率传感器、数据采集器和计算机，测定四种溶液的电导率，结果如图4.7所示。

2. 探究苯酚与溴水的反应原理

向两只烧杯中分别加入30 mL蒸馏水和0.1 mol/L苯酚溶液，均放于磁力搅拌器上，连接电导率传感器、数据采集器和计算机，开启磁力搅拌器，同时分别滴入相同滴数的浓溴水，观察现象，并测定两组溶液的电导率变化，结果如图4.8所示。

---

[1] 徐文菊，李发顺，陈秀兰. 利用数字化实验探究苯酚的性质[J]. 化学教与学，2018(4): 89-91.

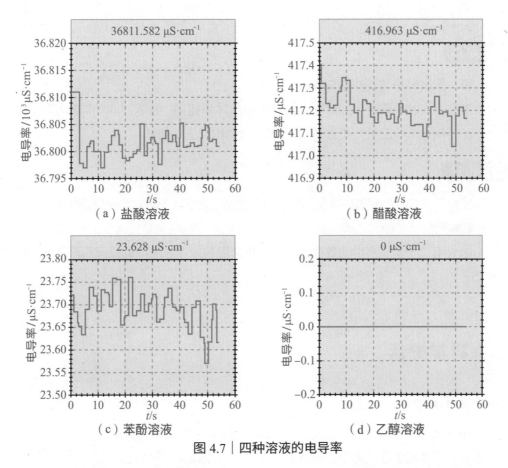

图 4.7 | 四种溶液的电导率

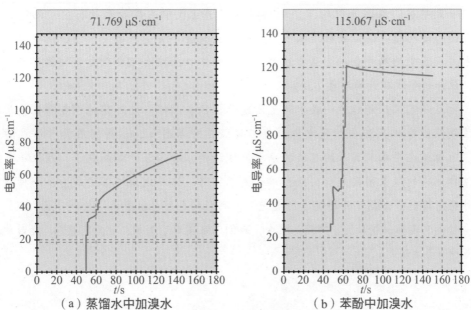

图 4.8 | 电导率变化图

1. 第一个实验中需要控制四种溶液同浓度。
2. 第二个实验中需要控制蒸馏水与稀苯酚的体积相同、加入溴水的滴数相同。
3. 0.1 mol/L苯酚溶液需要选择未开封的苯酚固体进行现配。

交流研讨

1. 分析第一个实验所得的数据曲线，比较盐酸、醋酸、苯酚、乙醇的酸性强弱。
2. 影响醋酸、苯酚、乙醇三者中 —OH 的性质差异的因素是什么？
3. 结合第二个实验所得的数据曲线，分析苯酚和浓溴水反应的原理是取代反应还是加成反应。

 科学史话

苯酚的消毒作用

在19世纪，有一位名叫利斯特（J. Lister，1827—1912）的英国外科医生，他发现很多患者手术后死于伤口感染，但不知道是什么因素造成的。

一天早晨，在阳光照耀下，利斯特看到了空气中飞舞着无数灰尘，他突然联想到下面一些问题：伤口接触这么多灰尘，这里面会不会有细菌呢？接触伤口的绷带、手术刀和医生的双手会不会沾有细菌呢？患者伤口感染会不会跟这些细菌有关呢？于是，他开始寻找有效的消毒方法。

他在一家工厂附近的一条水沟里发现草根很少腐烂。经过实地调查和多次试验，他发现从这家工厂流出的废水中含有石炭酸（即苯酚），这种物质具有消毒防腐作用。他尝试在手术前用苯酚溶液为手术器械消毒，并用苯酚溶液洗手。结果手术后患者伤口感染的现象明显减少，死亡率也大幅下降。这一发现使苯酚成为了一种强有力的外科消毒剂，开创了外科消毒历史先河，利斯特也因此被誉为"外科消毒之父"。

酚类消毒剂一般只适于外用。至今，人们已经发现了加热、使用消毒剂、紫外线照射等多种消毒方法。

4.2 身边化学问题的探究

化学是一门研究物质的科学，与人类的衣、食、住、行密切相关。通过前面化学课程的学习，我们可以从化学视角研究一些与生活有关的化学问题。例如，不同消毒剂的性能、储存条件，饮料的酸碱性及其与牙齿保健的关系，膨松剂种类及其优缺点，等等。在确定了研究的问题之后，首先要了解有关的反应原理、概念等，然后明确通过实验要观察或测试的内容，进而选择、设计合适的实验方案进行探究。

实验4-4 含氯消毒液性质、作用的探究

 思考与讨论

1. 哪些生活用品具有消毒、杀菌作用？

2. 你是否使用过消毒液？消毒液给你的生活带来了哪些益处？

3. 阅读如图4.9所示的84消毒液的产品说明，你获得了哪些信息？你想研究消毒液的哪些性质？

产品特点

本品是以次氯酸钠为主要成分的液体消毒剂。有效氯含量为5.1%~6.9%，可杀灭肠道致病菌、化脓性球菌、致病性酵母菌，并能灭活病毒。

注意事项

1. 外用消毒剂，须稀释后使用，勿口服。

2. 如原液接触皮肤，立即用清水冲洗。

3. 本品不适用于钢和铝制品的消毒。

4. 本品易使有色衣物脱色，禁用于丝、毛、麻织物的消毒。

5. 置于避光、阴凉处保存。

6. 不得将本品与酸性产品（如洁厕类清洁产品）同时使用。

图 4.9 | 84消毒液的产品说明

实验目的

1. 通过实验探究消毒液的性质、作用。

2. 综合运用已学化学知识、实验技能和方法，研究生活中的常用物质，培养科学探究的实践能力。

实验研究思路

1. 确定要研究的问题。

在初步了解产品的基础上，提出可以进一步研究的问题，例如：

（1）了解了主要成分，探究它有哪些主要性质或有效成分的含量。

（2）了解了它的作用，验证一下消毒效果。

（3）该产品对棉织品有漂白作用，它能否用于有色化纤织物的消毒？

（4）产品有保质期，那么过期后是否完全没有消毒作用了？

（5）该产品为什么要避光保存？

（6）用于去油污的洗涤液多呈碱性，用于消毒、灭菌的消毒液的酸碱性如何？

（7）消毒液的作用在不同条件下（温度、时间或水质等）效果是否一样？

……

在上述问题中，根据可能的条件确定你要研究的问题，也可以自己再进一步思考打算研究哪些问题。

2. 设计相应的实验方案。

3. 实施实验探究。

4. 与同学交流研究结果。

实验用品

84消毒液、蒸馏水。

实验方案设计中所需的其他用品。

实验方案设计

根据以下问题或其他想要研究的方向，设计实验方案。

1. 84消毒液的酸碱性如何？

2. 结合 NaClO 中的 Cl 的化合价，预测消毒液可能具有什么性质。

安全提示

84消毒液有腐蚀性，取时应戴实验室专用手套和护目镜。若不慎沾到皮肤上，应立即用大量清水冲洗。

实验过程应在通风环境下完成，尽量使用微型及相对封闭的实验装置，同时注意尾气吸收。

3. 84消毒液为什么不能与酸性物质同时使用?

4. 如何探究消毒液的消毒作用? 浓度、温度、溶液酸碱性、保存条件等对其消毒作用有什么影响?

实验方案实施

表4.4中的实验方案可供参考。

表 4.4 | 84消毒液的性质

实验内容	实验现象	实验结论
1. 取适量84消毒液于试管中,用玻璃棒蘸取溶液点在pH试纸中心,观察颜色变化	试纸先变蓝,后蓝色褪去	NaClO 溶液呈碱性且具有漂白性
2. 取适量84消毒液于试管中,加入 KI 溶液,再滴入淀粉溶液,观察现象	溶液变蓝	NaClO 将 I^- 氧化为 I_2,具有还原性
3. 取适量84消毒液于试管中,再滴入洁厕灵,观察现象	产生黄绿色气体	NaClO 与盐酸发生归中反应产生氯气

84消毒液的一些性质如图4.10所示。

(a)酸碱性

(b)漂白性

(c)与 KI 反应

(d)与洁厕灵反应

▶ 图 4.10 | 84消毒液的性质

交流研讨

1. 与同学交流研究结果，归纳本次研究的消毒液的性能，查阅相关书籍、资料等，验证你的研究成果。

2. 完成本实验研究之后，你又发现了哪些值得进一步研究的问题？

实验 4–5 饮料性质的研究

思考与讨论

1. 你喝过哪些类型的饮料？如何进行分类？

2. 阅读如图4.11所示果汁的产品说明，你可获得什么信息？你想研究饮料的哪些性质？

3. 在现有实验条件和实验水平下，可进行哪些性质的研究？

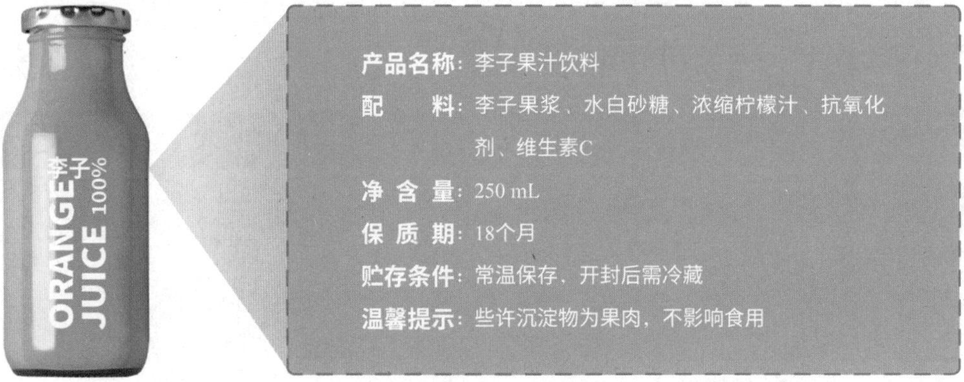
李子
ORANGE
JUICE 100%
产品名称：李子果汁饮料
配　　料：李子果浆、水白砂糖、浓缩柠檬汁、抗氧化剂、维生素C
净 含 量：250 mL
保 质 期：18个月
贮存条件：常温保存，开封后需冷藏
温馨提示：些许沉淀物为果肉，不影响食用

图 4.11 | 饮料的产品说明

实验目的

1. 通过实验测饮料的总酸量和维生素C含量。

2. 综合运用已学化学知识、实验技能和方法，自主研究生活中简单的化学问题，培养科学探究的实践能力。

1. 饮料的pH或酸性

许多饮料中含有酸性物质，有些是天然的，有些是为提味或作为防腐剂加入的。可以用pH试纸直接测得饮料的pH，也可参考实验3-17利用酸碱滴定测得饮料中的总酸含量。

在此基础上，根据产品说明并通过查找资料、咨询等方式，进一步比较饮料中酸的功能和来源，并从健康的角度提出选择和饮用建议。

2. 饮料中的维生素C含量

维生素C又称抗坏血酸，分子是具有6个碳原子的烯醇式己糖内酯，具有较强的还原性，可被 I_2、O_2 等氧化剂氧化，例如，维生素C与 I_2 的反应：

利用上述反应，可以直接用 I_2 的标准溶液滴定待测含维生素C的溶液，测知维生素C的含量。

在此基础上，进一步了解维生素C对人体的生理作用、人体中维生素C的主要来源以及减少食物中维生素C损失的方法等。

实验用品

玻璃棒、锥形瓶、移液管、酸式滴定管、铁架台、量筒、酒精灯、烧杯。

果汁类（橙汁、椰汁、苹果汁等）、汽水类（可乐、雪碧等）、蒸馏水、6 mol/L CH_3COOH 溶液、0.5%淀粉溶液、0.05 mol/L I_2标准溶液、pH试纸。

实验方案设计中所需的其他用品。

实验步骤

1. 测饮料的pH或含酸量

用玻璃棒蘸取苹果汁点在pH试纸的中央，对照标准比色卡读取pH。用同样的方法测不同饮料的pH。

（或参照实验3-17食醋总酸量的测定方法，测定某一种饮料的总酸含量。）

2. 测果汁中维生素C含量

用移液管取20 mL苹果汁至锥形瓶中，加入30 mL新煮沸并冷却的蒸馏水稀释，再加入10 mL 6 mol/L CH₃COOH 溶液及3 mL 0.5%淀粉溶液，立即用酸式滴定管中的0.05 mol/L I₂标准溶液滴定至呈稳定的蓝色。用同样的方法滴定不同饮料，比较它们所消耗 I₂标准溶液的量，可知含维生素C的量的差别。

注意事项

1. 测饮料中总酸量，需对有色饮料预先做脱色处理，对某些很难脱色的饮料，如可乐，需用pH计法。

2. 维生素C易被空气氧化，特别是在碱性条件下。滴定时加入 CH₃COOH 使溶液呈弱酸性，并且滴定操作仍应尽快进行。

交流研讨

1. 你的研究结果与你的预期或产品说明中的标注一致吗？ 如果不一致，试分析原因。

2. 在研究过程中，你学到了哪些新知识和技能？

拓展实验

用pH试纸测生活中常见物质的pH，如图4.12所示。

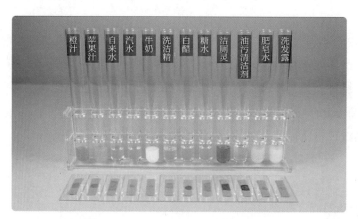

▶ 图4.12 | 生活中一些物质的pH

实验 4-6 探究膨松剂的作用原理

思考与讨论

1. 常见的食物中，哪些具有疏松多孔的膨松结构？

2. 你知道哪些类型的膨松剂？它们起膨松作用的原理是什么？

3. 一种复合膨松剂的产品说明如图4.13所示，配料表中的成分各有什么作用？

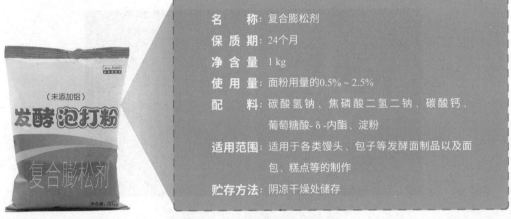

名　　　称：复合膨松剂

保 质 期：24个月

净 含 量：1 kg

使 用 量：面粉用量的0.5% ~ 2.5%

配　　　料：碳酸氢钠、焦磷酸二氢二钠、碳酸钙、葡萄糖酸-δ-内酯、淀粉

适用范围：适用于各类馒头、包子等发酵面制品以及面包、糕点等的制作

贮存方法：阴凉干燥处储存

图 4.13 | 膨松剂产品说明

实验目的

1. 对碳酸氢钠用作膨松剂的作用原理进行实验探究，体会研究物质性质的方法和程序的实用价值。

2. 体会运用化学知识探究身边物质的性质、分析和解决实际问题。

实验原理

$NaHCO_3$ 受热分解会产生 CO_2 气体，从而可用作单一膨松剂，反应的方程式为

$$2NaHCO_3 \xrightarrow{\triangle} Na_2CO_3 + H_2O + CO_2\uparrow$$

此外，$NaHCO_3$ 能与酸反应产生 CO_2 气体，反应的方程式为

$$HCO_3^- + H^+ = H_2O + CO_2\uparrow$$

且等量的 $NaHCO_3$ 与酸反应比受热分解产生的 CO_2 气体更多，加入的酸起到提升膨松效果并降低食品碱性的作用，这也是复合膨松剂的原理。

试管、烧杯、酒精灯、铁架台、药匙、胶头滴管、量筒。

$NaHCO_3$ 固体、0.5 mol/L $NaHCO_3$ 溶液、0.5 mol/L HCl 溶液、澄清石灰水。

实验步骤

1. 加热 $NaHCO_3$ 固体

如图4.14所示，向试管中加入少量 $NaHCO_3$ 固体，将其固定在铁架台上并加热，将生成的气体通入澄清石灰水中，观察现象。

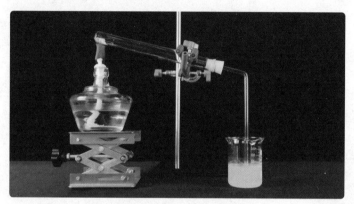

▶ 图 4.14 | 加热 $NaHCO_3$ 固体

2. $NaHCO_3$ 与盐酸反应

如图4.15所示，向试管中加入适量 $NaHCO_3$ 溶液，再用胶头滴管滴加稀盐酸，观察现象。

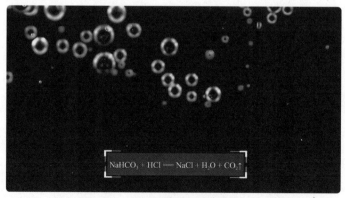

▶ 图 4.15 | 碳酸氢钠与盐酸反应

1. 依据碳酸氢钠的化学性质，解释馒头制作过程中发生的现象。

2. 能不能在面团里直接加入纯碱做膨松剂？为什么？

 资料卡片

复合膨松剂的组成

现在人们广泛使用的复合膨松剂一般是由三部分组成的。

1. 碳酸盐类物质。碳酸盐类物质的用量通常为膨松剂质量的30%~50%，其作用是通过与酸性物质反应产生 CO_2 气体。常用的碳酸盐有 $NaHCO_3$ 和 NH_4HCO_3。

2. 酸性物质。酸性物质的用量通常为膨松剂质量的30%~40%，其作用是与 $NaHCO_3$、NH_4HCO_3 等发生反应产生 CO_2 气体，提升膨松剂的作用效果并降低食品的碱性。

3. 助剂。助剂指的是淀粉、脂肪酸等其他成分，通常用量为膨松剂质量的10%~30%，其作用是防止膨松剂吸潮结块而失效，也具有调节气体产生速率或使气体均匀产生等作用。

4.3 研究性实验设计

化学实验是化学知识的来源，是科学探究的一种重要途径。我国现阶段的实验教学大多停留在验证性实验阶段，缺少对学生综合实验能力的培养，而研究性实验可以有效地弥补这一点。在研究性实验开展过程中实验设计是达到实验目的的关键。所谓化学实验设计是指实验者在实施化学实验前，根据一定的化学实验目的和要求，运用化学知识与技能，按照一定的实验方法对实验的原理、仪器、装置、步骤和方法等进行合理安排与规划。为了实验的顺利进行，设计研究性实验时需要遵循一定的原则和程序。

4.3.1 实验设计的原则

第一，科学性原则。这是实验设计的首要原则。它指所设计实验的原理、操作顺序、操作方法等，必须与化学理论知识以及化学实验方法理论相一致，不能凭空捏造。例如，在设计研究质量守恒定律的实验方案时，需考虑反应消耗或生成的气体，避免称量时产生误差。再如，检验食盐中是否含有碘元素，直接在食盐溶液中加入淀粉溶液的方法是不科学的，因为碘盐中含有的不是 I_2，而是 KIO_3，具体检验方法如图 4.16所示。

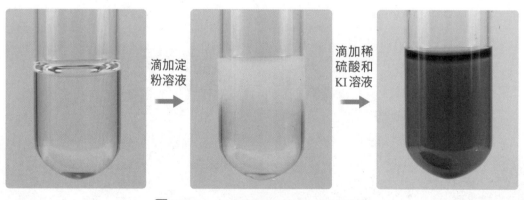

▶ 图 4.16 | 检验加碘食盐中的碘酸盐

第二，可行性原则。可行性原则是指设计实验时，所运用的实验原理在实施时切实可行，而且所选用的化学药品、仪器、设备、实验方法等在现行的条件下能够满足。如图4.17所示，实验室制备 CO_2 气体时，药品要选用稀盐酸而不能用稀硫酸，因为稀硫酸与大理石反应会生成硫酸钙附着在大理石表面，影响反应的发生。再如，实验3-18果蔬中维生素C含量的测定中提到的两种方法：氧化还原滴定法和高效液相色谱

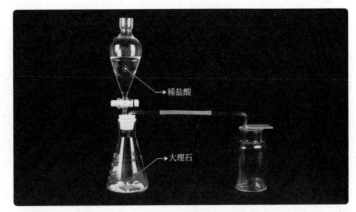

▶ 图 4.17 | 二氧化碳的实验室制取

法，结合目前中学的实验条件，后者是很难开展的。

第三，简约性原则。简约性原则是指化学实验的设计要尽可能地采用简单的装置或方法，用较少的步骤及实验药品，在较短的时间内来完成实验的原则。例如，除去 CO 气体中混有的少量 CO_2 气体，有人选择将混合气体通过炽热的炭层的方法，目的是想利用炭的还原性将 CO_2 还原为 CO。由于该方法需要在高温条件下才能进行，因而对装置及操作的要求较高，在实验设计中不宜采用。比较简便易行的方案是将混合气体通过盛有 NaOH 溶液的洗气瓶。再如，在研究氯气的生成及其性质时，按如图4.18所示装置进行实验，不仅节约药品，而且更简便、快速、安全。

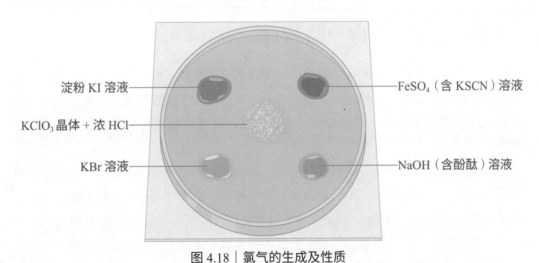

图 4.18 | 氯气的生成及性质

第四，安全性原则。安全性原则是指实验设计一定要注意安全性，在安全方面要进行全面思考。尽量避免使用有毒药品和进行具有一定危险性的实验操作，还要考虑实验过程对环境不产生污染。例如，制备硫酸铜时，不宜采取铜与浓硫酸反应（图

▶ 图 4.19 浓硫酸与铜反应

4.19），因为该反应会产生有毒气体 SO_2，且浓硫酸的腐蚀性较强，有一定的危险性，所以在实验设计中是不可取的。应采取灼烧氧化法制备硫酸铜，即将铜粉在空气中灼烧氧化成 CuO，然后溶于稀硫酸。

根据上述四个实验设计原则，并结合实验操作实际，可知化学实验设计方案的优选标准有原理恰当、效果明显、装置简单、操作安全、节约药品、步骤简单、误差较小，等等。以上优选标准在实验设计过程中需全面考虑，同时这些标准也是评价实验设计优劣的相关要素。

4.3.2　实验设计的一般程序

一个完整的实验设计方案主要包括：实验名称、实验目的、实验原理、实验用品以及装置、实验操作、实验现象记录及结果处理。可知实验设计涉及多方面的内容，因此设计过程必须遵循一定的程序。一般来说，研究性化学实验设计主要包括以下程序：

1. 提出实验研究课题，明确实验目的。研究课题可以由他人提供，也可以根据自己学习过程中发现的问题，用已知的知识无法解释，自觉地通过实验进行研究。实验目的是实验的出发点和归宿，因此在实验设计之前，必须明确实验研究的目的。

2. 查阅资料，作出猜想与假设。通过各种方式和渠道获得相关信息，结合已有知识和经验对要研究的问题作出合理的猜想与假设，并进行初步的论证。

3. 设计实验方案。根据实验目的确定实验的原理和方法，进而合理地规划实验方案。设计的实验方案不仅需要符合实验设计的原则，而且要重视运用"对照""变量

控制"等科学方法。

4. 实施实验，收集证据。开展实验时应严格按照预先设计好的实验方案进行，认真操作、仔细观察，如实、详细地记录实验现象和数据，作为判断自己猜想是否成立的依据。

5. 实验分析与结论。对实验现象、结果、数据进行加工整理，通过分析、比较、归纳、概括得出证据与假设之间的关系，从而得出科学的实验结论。

6. 评价与修正。回顾实验设计，反思实验过程，修正检验假设，评价研究结果。

 知识拓展

平行实验和对照实验

平行实验指在实验条件相同的情况下，重复进行两次或两次以上的实验，目的是防止过失误差，减少随机误差。如测定中和反应反应热的实验。

对照实验指在改变一个实验因素而其他因素不变的条件下，进行两个或两个以上的实验。通常对照实验分为实验组和对照组。实验组是接受实验变量处理的对象组；对照组也称控制组，是不接受实验变量处理的对象组。对照实验是科学研究常用的一种实验方法，目的是通过对比实验的结果找到想要研究的因素对实验的影响作用，从而为科学研究提供事实依据和直接证据。如研究化学反应速率影响因素的实验。

章末总结

知识图谱

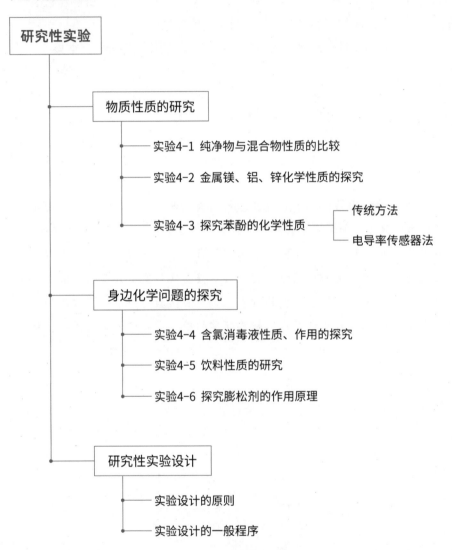

研究性实验

物质性质的研究
- 实验4-1 纯净物与混合物性质的比较
- 实验4-2 金属镁、铝、锌化学性质的探究
- 实验4-3 探究苯酚的化学性质
  - 传统方法
  - 电导率传感器法

身边化学问题的探究
- 实验4-4 含氯消毒液性质、作用的探究
- 实验4-5 饮料性质的研究
- 实验4-6 探究膨松剂的作用原理

研究性实验设计
- 实验设计的原则
- 实验设计的一般程序

第 5 章
趣味性实验

奇特的物质
神秘化学秀
水中美景

5.1 奇特的物质

目前，人们在自然界中已经发现和人工合成的物质已超过1亿种，其中一些物质在实验中可以展现出奇特的现象，如手帕在某种液体中浸泡后，可以燃烧但不会烧坏；用某种溶液在纸上写字，晾干后可以产生火写字的神奇现象；加热某种物质，利用其蒸气可以使物体上看不见的指纹显现出来，等等。这些实验中用到的物质分别是什么呢？

实验 5-1 烧不坏的手帕

实验目的

1. 了解乙醇的性质。
2. 加深对燃烧条件的认识。

实验原理

乙醇的沸点是78 ℃，而水的沸点是100 ℃。当手帕被点燃后，酒精易从手帕中挥发出来燃烧，而大部分水仍留在手帕中保护手帕。此外，在酒精燃烧的过程中，一部分水变成水蒸气，水分蒸发会带走很大一部分热量，从而降低手帕自身的温度，手帕达不到着火点，所以不会被烧坏。

实验用品

酒精灯、量筒、烧杯、坩埚钳、棉手帕、玻璃棒。
95%乙醇、水。

实验步骤

1. 将95%的乙醇和水按体积比2:1在烧杯中混合，并搅拌均匀。
2. 将手帕放入溶液中浸透，取出，轻轻挤去多余的溶液。
3. 用坩埚钳夹住手帕的一角，再用酒精灯点燃手帕，淡蓝色的火焰立即遍布整块手帕。当火焰减小时抖动手帕，使火慢慢熄灭，手帕完好无损。

上述实验过程如图5.1所示。

▶ 图 5.1 │ 烧不坏的手帕

注意事项

1. 所用酒精溶液应现用现配，否则会因酒精挥发而降低浓度，不能燃烧。
2. 手帕浸湿后立刻点燃，以免酒精挥发造成实验现象不明显。
3. 点燃手帕时应远离其他易燃物。

拓展实验

掌中火：在盛有水的水槽中加入适量洗洁精，搅拌均匀，将丁烷气体瓶在水槽中按压注入丁烷气体，可产生大量泡沫。然后将手伸入水中润湿，再取少量泡沫于掌心，点燃泡沫，可观察到泡沫在手掌中燃烧，如图5.2所示。

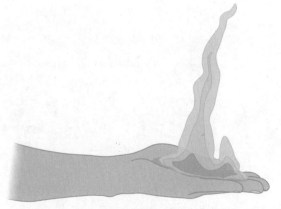

图 5.2 │ 掌中火

 安全提示

由于实验时火焰与手直接接触，所以应注意安全，并做好防火措施。

实验 5-2　火龙写字

实验目的

1. 了解硝酸钾的分解反应。
2. 知道氧气有助燃性。

实验原理

当纸上的硝酸钾与带火星的木条接触时，硝酸钾受热分解放出氧气，纸被烧焦。反应方程式为

$$2KNO_3 \xrightarrow{\triangle} 2KNO_2 + O_2 \uparrow$$

实验用品

毛笔、玻璃、白纸、铅笔、木条、火柴。
饱和 KNO_3 溶液。

实验步骤

1. 将一张白纸铺在玻璃片上，用毛笔蘸取饱和 KNO_3 溶液，在白纸上写字，要重复写2~3遍，然后在字的起笔处用铅笔做个记号。
2. 把纸晾干。
3. 用带火星的木条轻轻地接触纸上有记号的地方，立即有火花出现，并缓慢地沿着字的笔迹蔓延，好像用火写字一般。最后，在纸上呈现出毛笔所写的字。

上述实验过程如图5.3所示。

饱和 KNO_3 溶液

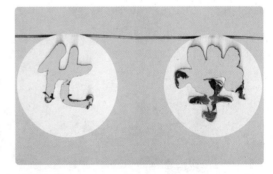

▶ 图 5.3 | 火龙写字

1.选用厚薄适中、表面不太光滑、易吸水的纸,如滤纸。

2.蘸取饱和 KNO_3 溶液在纸上写字时,要求所写的字笔画简单而且连贯。

3.改用 KNO_3 的热饱和溶液能使纸上附着的 KNO_3 晶体更多,效果更好。

拓展实验

1. 牛奶密信:用毛笔或棉签蘸取牛奶,在白纸上写字后,将纸放到干燥通风处或阳光下晾干。点燃蜡烛,将纸放在距离蜡烛5~10 cm处进行烘烤,密信很快就会现出原形了,如图5.4所示。

图 5.4 | 牛奶密信

2. 魔棒点灯:取少量高锰酸钾晶体放在表面皿上,滴加2~4滴浓硫酸,并用玻璃棒搅拌。然后用玻璃棒蘸取少许混合物,去接触酒精灯的灯芯,酒精灯立刻被点燃,如图5.5所示。

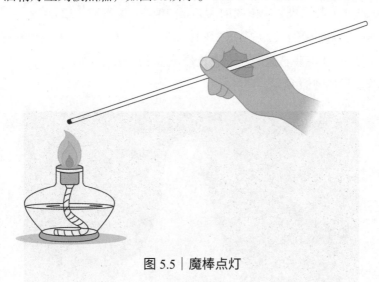

图 5.5 | 魔棒点灯

实验 5-3 大象牙膏

实验目的

1. 加深对过氧化氢分解反应的认识，进一步了解催化剂的作用。
2. 通过具有视觉冲击的实验现象，增强学生学习化学的兴趣。

实验原理

过氧化氢在催化剂条件下分解，产生氧气，促使发泡剂产生大量的泡沫。反应方程式为

$$2H_2O_2 \xrightarrow{\text{催化剂}} 2H_2O + O_2\uparrow$$

实验用品

平底长颈烧瓶、量筒、注射器、烧杯、玻璃棒、药匙、天平。

30% H_2O_2 溶液、KI 固体、洗洁精、蒸馏水。

实验步骤

1. 向500 mL平底长颈烧瓶中依次加入50 mL30% H_2O_2 溶液、12 mL洗洁精，摇匀。
2. 向50 mL小烧杯中加入7.47 g KI 固体和15 mL蒸馏水，用玻璃棒搅拌使 KI 充分溶解。将配制好的 KI 溶液迅速倒入平底长颈烧瓶中，观察现象。

上述实验过程如图5.6所示。

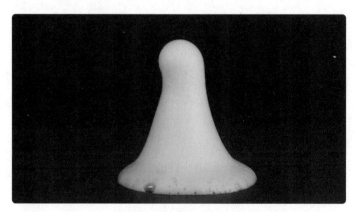

▶ 图 5.6 | 大象牙膏

1. 该反应放出大量的热, 当大象牙膏喷发出来时, 不要立刻用手触摸大象牙膏, 以免烫伤。

2. 高浓度的 H_2O_2 腐蚀性极强, 清理"牙膏"时必须全程戴手套进行防护, 避免皮肤接触。

实验 5-4 无毒版法老之蛇

实验目的

1. 了解糖类物质的可燃性以及 $NaHCO_3$ 固体的热分解反应。

2. 体验膨胀化学反应的实验过程。

实验原理

蔗糖是一种碳水化合物, 燃烧过程十分复杂, 产物主要是水、碳和二氧化碳, 小苏打受热时也会分解出大量的二氧化碳, 这些气体使糖燃烧之后的碳固化成了膨松多孔的黑碳柱。

实验用品

烧杯、药匙、天平、蒸发皿、石棉网、玻璃棒、火柴。

细沙、白砂糖、小苏打、无水乙醇。

实验步骤

1. 在烧杯中将白砂糖和小苏打按质量比4:1的比例混合均匀。

2. 将干燥的细沙平铺在蒸发皿中, 并将蒸发皿置于石棉网上, 然后将无水乙醇倒在细沙上。

3. 将步骤1所得混合物呈锥形置于沙子上, 点燃乙醇, 观察现象。

上述实验过程如图5.7所示。

▶ 图 5.7 | 无毒版法老之蛇

 **知识拓展**

法老之蛇

"法老之蛇"是一个著名的膨胀化学反应，其方程式为

$$4Hg(SCN)_2 \xrightarrow{\triangle} 4HgS + 2CS_2 + 3(CN)_2\uparrow + N_2\uparrow$$

该反应中用到的硫氰酸汞受热分解产生的气体，被生成的固体物质和液体物质束缚、膨胀，分散开来如同小蛇出洞，聚集在一起宛若一条金黄巨蛇凭空生成，犹如传说中的法老施了魔法，故名"法老之蛇"，如图5.8所示。由于反应产生剧毒物质 $(CN)_2$，所以该实验应在通风橱中进行。

图 5.8 | 法老之蛇

实验 5-5 指纹检测

实验目的

1. 了解碘单质的物理性质。
2. 初步学会用碘熏法和硝酸银法检测指纹。

实验原理

碘熏法：人的手指上含有油脂、矿物油和水，当手指摁在纸面上时，指纹上的油脂等就会留在纸面上。碘受热时会升华变成碘蒸气，碘蒸气溶解在手指上的油脂等分泌物中，形成棕色指纹印迹。

硝酸银法：人的汗液中含有 NaCl，当向指纹印上喷洒 $AgNO_3$ 溶液时，发生如下反应：

$$NaCl + AgNO_3 = AgCl\downarrow + NaNO_3$$

经过日光照射，氯化银分解出银颗粒，从而显示出棕黑色的指纹。

实验用品

烧杯、药匙、酒精灯、白纸（或白色亚克力板）、三脚架、石棉网、小喷壶。
碘晶体、$AgNO_3$ 溶液。

实验步骤

1. 碘熏法

如图5.9（a）所示，取一张干净、光滑的白纸，用手指在纸上用力摁几个手印。向100 mL烧杯中加入2~3粒碘单质，并置于三脚架上。然后把摁有手印的白纸盖在烧杯上（注意：摁有手印的一面向下）。用酒精灯加热烧杯，当有适量的碘蒸气产生时，停止加热，冷却20~30 s，翻开白纸，观察上面的指纹印迹。

2. 硝酸银法

如图5.9（b）所示，取一张干净、光滑的白纸，用手指在纸上用力摁几个手印，再将1%~5%的 $AgNO_3$ 溶液喷洒在摁过手印的白纸上，然后将纸放在阳光下暴晒或强

安全提示

碘蒸气有刺激性气味，不可吸入。大量的碘蒸气会剧烈地刺激眼、鼻黏膜，严重者会导致死亡。该实验需要在通风橱中进行。

光照射，观察显现的指纹印迹。

（a）碘熏法

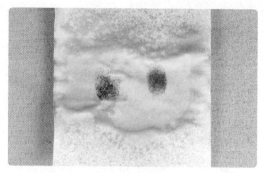
（b）硝酸银法

 图 5.9 │ 指纹检测

注意事项

1. 烧杯加热时需垫石棉网。
2. 保证白纸洁净，以免影响实验效果。
3. $AgNO_3$ 溶液喷洒要均匀适量。

 科学视野

指纹

我们在侦探小说中，经常看到利用"指纹"来破案的情节。现代的许多国家都建立了自己的指纹档案库，装入了本国居民和一些国际犯罪分子的指纹档案。这为通过在现场获取的指纹找到犯罪嫌疑人提供了一个破案的工具。

指纹即为手指皮肤上的花纹，它是人的一种生物学特征。指纹由不同形状的纹线（乳突线）组成，纹线分叉或中断的地方叫细节点（特征点），有100个左右。细节点大致又分4种：分叉点、结合点、起点、终点，它们都因人而异。正是这些无穷无尽的细节特征组合构成了指纹的唯一性。同时，指纹又具有很强的稳定性，原则上保持终身不变。当胎儿在母体发育到3~4个月时，指纹便开始产生，到6个月时就已形成。随着个体的生长发育，指纹也只不过放大增粗，其纹形、纹数等特征则保持不变。

通常情况下，指纹痕迹可分为明显纹、成型纹、潜伏纹三种类型。其中，明显纹指的是肉眼能够直接观察到的指纹痕迹，如由手上沾染血液、油漆、墨水等物品转印而成；成型纹指的是手接触压印在易成型的物质上而留下的指纹，如橡皮泥、泥土以及蜡烛上遗留的指纹痕迹；潜伏纹则为人与物体接触，在汗液与油脂的作用下遗留下来的指纹痕迹，此类指纹难以被肉眼观察到，是刑侦工作中最常见的指纹。使潜伏纹得以显现的化学方法主要有碘熏法、茚三酮法、硝酸银法、502胶熏法。

5.2 神秘化学秀

化学反应常伴随发光、放热、变色、放出气体、生成沉淀等现象，因此有些反应能呈现出奇妙的视觉效果。例如，碘钟反应和溴钟螺纹反应呈现出不同颜色的交替变化；金属钠能在溶液中上下跳动；鲁米诺检验血迹时会发出蓝绿色的荧光，等等。这些反应的原理是什么呢？接下来我们一起探秘吧！

实验 5-6 连续型碘钟反应

实验目的

1. 了解振荡反应的一般原理。
2. 知道碘钟反应的原理和实验方法。

实验原理

在某些自催化反应体系中，有些组分的浓度随时间发生周期性变化，即发生化学振荡反应。化学振荡是一类反应机制复杂的化学过程，反应体系需先经过诱导期后才开始振荡，且诱导期和振荡过程往往发生不同的反应。

本实验以 KIO_3、$MnSO_4$、H_2O_2、丙二酸为初始原料，通过硫酸提供 H^+。产物中 I_2 遇淀粉变蓝，$c(Mn^{3+})/c(Mn^{2+})$ 较大时溶液呈黄色，产物的浓度随时间发生周期性变化，因此呈现"蓝色-无色-黄色"的振荡周期。反应机理可简单表示如下：

诱导期：

$$IO_3^- + 3H_2O_2 = I^- + 3H_2O + 3O_2\uparrow$$

振荡过程：

变蓝色：$5I^- + IO_3^- + 6H^+ = 3I_2 + 3H_2O$

蓝色变为无色：$I_2 + HOOCCH_2COOH = I^- + H^+ + HOOCHICOOH$

无色变为黄色：$2Mn^{2+} + 2H_2O_2 + 4H^+ + 2I^- = 2Mn^{3+} + 4H_2O + I_2$

下一周期开始：

$$4Mn^{3+} + HOOCCHICOOH + 2H_2O = 2CO_2\uparrow + HCOOH + 4Mn^{2+} + 5H^+ + I^-$$

可溶性淀粉

可溶性淀粉是经过轻度
酸或碱处理的淀粉，其
淀粉溶液热时有良好的
流动性，冷凝时能形成
坚柔的凝胶。

实验用品

天平、量筒、烧杯、玻璃棒。

30% H_2O_2 溶液、1 mol/L H_2SO_4 溶液、$MnSO_4$ 固体、KIO_3 固体、丙二酸固体、可溶性淀粉、蒸馏水、热水。

实验步骤

1. 溶液配制

A溶液：量取20 mL 30%的 H_2O_2 溶液于烧杯中，加入30 mL蒸馏水稀释。

B溶液：称取3.9 g 丙二酸固体和0.8 g $MnSO_4$ 固体于烧杯中，加入少量可溶性淀粉，用250 mL热水溶解。取50 mL上述溶液备用。

C溶液：称取2.1 g KIO_3 固体于烧杯中，加入50 mL热水溶解。

2. 反应

将以上三种溶液混合，滴入几滴 H_2SO_4 溶液，观察现象。

上述实验过程如图5.10所示。

▶ 图 5.10 | 连续型碘钟反应

拓展实验

红绿灯实验：称取2 g NaOH 固体于烧杯中，加入50 mL蒸馏水溶解；称取4 g 一水合葡萄糖于烧杯中，加入150 mL蒸馏水溶解；将两种溶液倒入锥形瓶中混合。再用干燥的玻璃棒蘸取少量靛蓝胭脂红溶于上述溶液中，溶液呈绿色。静置观察，能看到绿色→红色→黄色的颜色变化；振荡溶液，又能看到黄色→红色→绿色的颜色变化，现象如图5.11所示。

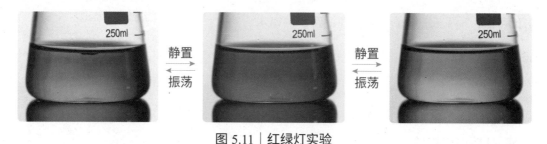

图 5.11 | 红绿灯实验

实验 5-7 溴钟螺纹反应

实验目的

1. 了解溴钟螺纹反应的原理和实验方法。
2. 观赏溴钟螺纹反应的现象。

实验原理

溴钟螺纹反应属于化学振荡反应，本实验以 $KBrO_3$、KBr、丙二酸、$FeSO_4$、邻菲咯啉为初始原料，通过硫酸提供 H^+。产物中 $[Fe(phen)_3]^{2+}$ 呈红色，$[Fe(phen)_3]^{3+}$ 呈蓝色，因此能产生红蓝螺纹。反应机理可简单表示如下：

诱导期：

$$BrO_3^- + 6H^+ + 5Br^- = 3Br_2 + 3H_2O$$

$$HOOCCH_2COOH + Br_2 = HOOCCHBrCOOH + H^+ + Br^-$$

$$3HOOCCH_2COOH + 2BrO_3^- + 2H^+ = 2HOOCCHBrCOOH + 3CO_2\uparrow + 4H_2O$$

振荡过程：

红色变蓝色：$BrO_3^- + 6[Fe(phen)_3]^{2+} + 6H^+ = Br^- + 6[Fe(phen)_3]^{3+} + 3H_2O$

蓝色变红色：$HOOCCHBrCOOH + 4[Fe(phen)_3]^{3+} + 2H_2O = Br^- + 4[Fe(phen)_3]^{2+} + 5H^+ + 2CO_2\uparrow + HCOOH$

实验用品

天平、烧杯、量筒、玻璃棒、培养皿。

$KBrO_3$ 固体、KBr 固体、丙二酸固体、$FeSO_4$ 固体、邻菲咯啉固体、浓硫酸、蒸馏水。

实验步骤

1. 溶液配制

A溶液：称取5 g $KBrO_3$ 固体并置于烧杯中，加入67 mL蒸馏水，完全溶解后再加入2 mL浓硫酸，混合均匀。

B溶液：称取1 g KBr 固体并置于烧杯中，加入10 mL蒸馏水，用玻璃棒搅拌至完全溶解。

C溶液：称取1 g 丙二酸固体并置于烧杯中，加入10 mL蒸馏水，用玻璃棒搅拌至完全溶解。

D溶液：称取0.25 g $FeSO_4$ 固体和0.5 g 邻菲咯啉固体并置于烧杯中，加入32 mL蒸馏水，用玻璃棒搅拌至完全溶解，配制成邻菲咯啉亚铁指示剂。

2. 反应

（1）向培养皿中先加入12 mL A溶液和1 mL B溶液，再加入2 mL C溶液，观察现象。

（2）在上述混合溶液变为无色后，加入2 mL D溶液，观察现象。

上述实验过程如图5.12所示。

▶ 图 5.12 | 溴钟螺纹反应

实验 5-8 跳动的钠

实验目的

1. 认识钠与水反应的产物和现象。
2. 引导学生利用物质性质设计趣味性实验。

实验原理

金属钠与水反应生成氢氧化钠和氢气，反应方程式为

$$2Na + 2H_2O == 2NaOH + H_2\uparrow$$

$\rho（煤油）<\rho（钠）<\rho（水）$，向下层为水、上层为煤油的液体中加入钠，钠与水反应产生的氢气会将钠推入上层煤油中，由于钠不与煤油反应且密度比煤油大，反应被中断后钠会下沉与水发生新一轮的反应，因此能够看到钠在煤油中上下跳动。

实验用品

试管、小刀、镊子、量筒、胶头滴管。
钠、水、煤油、酚酞溶液。

实验步骤

1. 向试管中加入10 mL水，滴几滴酚酞溶液，再加入10 mL煤油，观察现象。
2. 切一小块金属钠，用镊子夹取放入试管中，观察现象。
上述实验过程如图5.13所示。

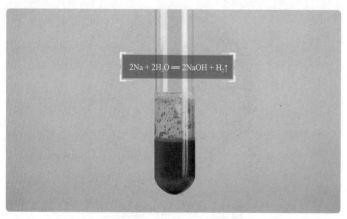

▶ 图 5.13 | 跳动的钠

实验 5-9 鲁米诺反应

实验目的

1. 了解鲁米诺的结构及其反应原理。

2. 通过鲁米诺反应的应用，引导学生从化学的视角看事物。

实验原理

鲁米诺，又名发光氨，化学名称为3-氨基-苯二甲酰肼，结构简式为

在碱性条件下能被氧化成激发态的3-氨基邻苯二甲酸，激发态至基态转化过程中发出蓝绿色荧光。

本实验利用铁离子催化过氧化氢分解产生水和单态氧（$^1O_2$），再以单态氧作为氧化剂氧化鲁米诺，这也是刑侦上检验血迹的方法之一，反应原理如下：

$$2H_2O_2 \xrightarrow{Fe^{3+}} 2H_2O + O_2\uparrow$$

单态氧

单态氧（$^1O_2$），又称单线态氧，是一种处于激发态的氧分子。

实验用品

天平、烧杯、玻璃棒、量筒。

NaOH 固体、鲁米诺固体、$K_3[Fe(CN)_6]$ 固体、30% H_2O_2 溶液、蒸馏水。

实验步骤

1. 称取1 g NaOH 固体和0.2 g 鲁米诺固体并置于烧杯中，加入50 mL蒸馏水溶解。再加入30 mL 30% H_2O_2 溶液，用蒸馏水稀释至200 mL。

2. 称取1.5 g $K_3[Fe(CN)_6]$ 固体并置于烧杯中，加入

⚠ 安全提示

鲁米诺是一种较强的弱酸，对眼睛、皮肤、呼吸道有一定刺激作用，实验时做好防护。

200 mL蒸馏水溶解。

3. 在光线弱的环境中，将两种溶液同时倒入一只空烧杯中，观察现象。

上述实验过程如图5.14所示。

▶ 图 5.14 | 鲁米诺反应

 科学视野

微量血迹的检测

微量血迹的检测常分为预备试验和确证试验两个过程，前者检验血迹存在的可能性，后者进一步明确是否是血迹。

预备试验方法简便，灵敏度高，但特异性差，常见的方法有联苯胺试验、紫外线检查、酚酞试验、鲁米诺发光试验等。

（1）联苯胺试验：取少量检材，放置在白色滤纸或白瓷板上，然后依次滴入乙酸、联苯胺无水酒精饱和溶液和3% H_2O_2 溶液各一滴。如果检材上有血迹存在，就会出现翠蓝色反应。

（2）紫外线检查：血迹在紫外线照射下呈土棕色。

（3）酚酞试验：取少量检材置于白瓷板上，用蒸馏水浸湿检材，加还原酚酞试剂和3% H_2O_2 溶液各一滴，如有血迹，立即出现红色。

确证试验特异性强，但灵敏度较低，常用的方法有血色原结晶试验、氯化血红素结晶试验和光谱检查等。

（1）血色原结晶试验：先用10% NaOH 溶液3 mL、吡啶3 mL和30%葡萄糖溶液10 mL混合配制成试剂。取少量检材，置于载玻片上，加所配试剂1~2滴，盖上盖玻片，稍加热至冒小气泡，冷却后镜检。如为血迹，可出现樱红色针状、菊花状或星状血色原结晶。

（2）氯化血红素结晶试验：先用10% NaCl 溶液2 mL、乙酸10 mL和无水乙醇5 mL配制试剂，取检材少许，置于载玻片上，加试剂1~2滴，盖上盖玻片，稍加热，待冷却后镜检。如有血迹，可见到褐色菱形结晶。

（3）光谱检查：血迹中血红蛋白及其衍生物均为有色物质，有很强的选择吸收光谱的性能，具有特定的吸收线。根据这一特性，用显微分光镜检查，可以鉴别是否是血迹。

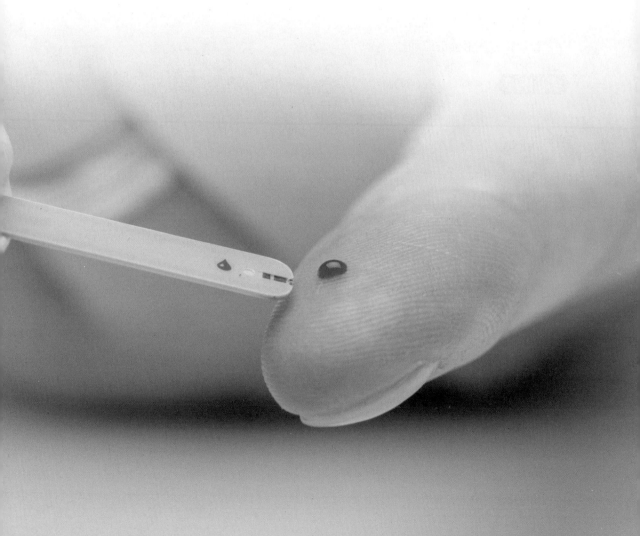

5.3 水中美景

水在化学反应中不仅是重要的反应物，而且是最常见的溶剂，许多化学反应都是在水溶液中进行的，有些反应现象呈现出引人入胜的水中美景。例如，通过化学沉淀法制备的四氧化三铁在磁铁吸引下展现流动性；利用温度对碘化铅溶解度的影响析出闪亮的"黄金雨"；向醋酸钠过饱和溶液中加入晶核能产生"热冰"现象；在渗透压作用下，金属硅酸盐胶状膜的形成与胀破的不断交替形成"水中花园"，等等。

实验 5-10 铁磁流体

实验目的

1. 掌握制备铁磁流体的原理。
2. 观赏铁磁流体的流动性。

实验原理

二价铁盐溶液和三价铁盐溶液按一定比例混合后，与沉淀剂 $NH_3 \cdot H_2O$ 反应即得到纳米级 Fe_3O_4 粒子，反应方程式为

$$Fe^{2+} + 2Fe^{3+} + 8NH_3 \cdot H_2O = Fe_3O_4 \downarrow + 8NH_4^+ + 4H_2O$$

实验用品

天平、烧杯、玻璃棒、酒精灯、铁架台、温度计、石棉网、表面皿、玻璃杯、量筒、磁铁。

$FeSO_4$ 固体、$FeCl_3$ 固体、NaCl 固体、25%氨水、无水乙醇、去离子水。

实验步骤

1. 称取8 g $FeSO_4$ 固体和15 g $FeCl_3$ 固体并置于烧杯中，加入100 mL去离子水溶解，用酒精灯加热至50 ℃。

2. 量取10 mL氨水加入上述溶液中，用玻璃棒搅拌均匀，产生黑色的 Fe_3O_4。

3. 量取5 mL无水乙醇加入上述溶液中，用玻璃棒搅拌均匀，以防止沉淀聚集。

4. 在烧杯底部放置磁铁，静置，待 Fe_3O_4 沉入底部后，倒去上层清液，再用去离子水洗涤三次，得到 Fe_3O_4 流体。

5. 铁磁流体展示：

（1）将部分 Fe_3O_4 流体倒入表面皿中，将磁铁在表面皿下方移动，观察现象。

（2）将部分 Fe_3O_4 流体加入盛有饱和 NaCl 溶液的透明玻璃杯中，盖上杯盖，将磁铁紧贴外壁移动，观察现象。

上述实验过程如图5.15所示。

▶ 图 5.15｜铁磁流体

实验 5-11 黄金雨实验

实验目的

1. 认识温度对碘化铅溶解度的影响。
2. 观赏碘化铅晶体在溶液中形成的"黄金雨"。

实验原理

硝酸铅溶液和碘化钾溶液反应生成黄色的碘化铅沉淀，反应方程式为

$$Pb(NO_3)_2 + 2KI = PbI_2\downarrow + 2KNO_3$$

PbI_2 常温下为难溶性物质，加热后溶解度增大，在降温过程中析出的金黄色晶体漂浮在溶液中形成"黄金雨"。

实验用品

天平、烧杯、玻璃棒、锥形瓶、酒精灯、铁架台、石棉网。

Pb(NO$_3$)$_2$ 固体、KI 固体、蒸馏水。

实验步骤

1. 称取0.9 g Pb(NO$_3$)$_2$ 固体和1 g KI 固体并分别置于两只烧杯中，各加入100 mL蒸馏水，用玻璃棒搅拌至完全溶解后，同时倒入空烧杯中。

2. 加热上述溶液至沉淀不再溶解，将上清液趁热倒入锥形瓶中，静置，让溶液自然冷却，观察现象。

上述实验过程如图5.16所示。

▶ 图 5.16 | 黄金雨实验

实验 5-12 热冰实验

实验目的

1. 了解过饱和溶液的存在原因和制备方法。
2. 观赏醋酸钠过饱和溶液析出的晶体。

实验原理

一定温度、压力下，当溶液中溶质的浓度已超过该温度、压力下溶质的溶解度，而溶质仍不析出的现象叫过饱和现象（supersaturation），此时的溶液称为过饱和溶液（supersaturated solution）。

过饱和溶液处于亚稳态，当加入一些固体的晶体或晃动使其产生微小的结晶时，此状态会失去平衡，过多的溶质会结晶，恢复成一个适合此时温度的平衡状态。CH_3COONa 过饱和溶液无色、透明，外观与水很相似，结晶时会放出热量，故称"热冰"。

实验用品

烧杯、玻璃棒、铁架台、石棉网、酒精灯、温度计、药匙、玻璃片。
CH_3COONa 固体、蒸馏水。

实验步骤

1. 向洁净的烧杯中加入50 mL蒸馏水，置于石棉网上加热，将温度计水银球放入水中。

2. 1~2 min后，逐渐将醋酸钠晶体加入烧杯中，用玻璃棒搅拌溶解。待加热到60 ℃时，保持该温度，并持续加入醋酸钠晶体直至有少量晶体不能溶解。

3. 稍加热升高温度，使上述少量不能溶解的醋酸钠晶体溶解。

4. 将溶液缓缓倒入另一烧杯中，在上方盖上玻璃片进行冷却。

5. 用玻璃棒蘸取少量醋酸钠晶体伸入冷却的醋酸钠溶液中，观察现象并用手触摸烧杯壁。

上述实验过程如图5.17所示。

▶ 图 5.17｜热冰实验

1. 当配制好过饱和溶液时，若溶液中有较大颗粒的杂质，须用胶头滴管吸取，以防其成为结晶中心。

2. 结晶后的溶液可重新加热溶解循环利用。

3. 起初烧杯中的水不宜加太多，因为温度升高后，醋酸钠溶解度极大（60 ℃时，溶解度为130 g），导致醋酸钠用量过多造成浪费。

实验 5-13　水中花园

实验目的

1. 了解制备金属硅酸盐的原理和方法。
2. 观察金属硅酸盐半透膜形成"水中花园"的过程。

实验原理

金属盐类与硅酸盐反应，在盐晶体表面生成颜色不同的金属硅酸盐胶状膜。反应的方程式为

$$Ni(NO_3)_2 + Na_2SiO_3 = 2NaNO_3 + NiSiO_3$$
$$CuSO_4 + Na_2SiO_3 = Na_2SO_4 + CuSiO_3$$
$$2FeCl_3 + 3Na_2SiO_3 = 6NaCl + Fe_2(SiO_3)_3$$
$$CoCl_2 + Na_2SiO_3 = 2NaCl + CoSiO_3$$
$$MnCl_2 + Na_2SiO_3 = 2NaCl + MnSiO_3$$

金属硅酸盐胶状膜具有半透性，膜内是高浓度盐溶液，膜外是硅酸钠溶液，外部渗透压小于内部，水不断渗入膜内，半透膜胀破，使金属盐溶液又与硅酸钠接触，生成新的金属硅酸盐胶状膜。这一过程不断重复，就像植物生长一样，从而产生"水中花园"的现象。

实验用品

天平、烧杯、玻璃棒、药匙。

Na_2SiO_3 固体、$Ni(NO_3)_2$ 固体、$CuSO_4$ 固体、$FeCl_3$ 固体、$CoCl_2$ 固体、$MnCl_2$ 固体、蒸馏水。

实验步骤

1. 称取50 g Na$_2$SiO$_3$ 固体并置于烧杯中，加入250 mL 蒸馏水，用玻璃棒搅拌至完全溶解。

2. 向溶液中加入适量 Ni(NO$_3$)$_2$ 固体、CuSO$_4$ 固体、FeCl$_3$ 固体、CoCl$_2$ 固体和MnCl$_2$ 固体，观察现象。

上述实验过程如图5.18所示。

▶ 图 5.18｜水中花园

章末总结

知识图谱

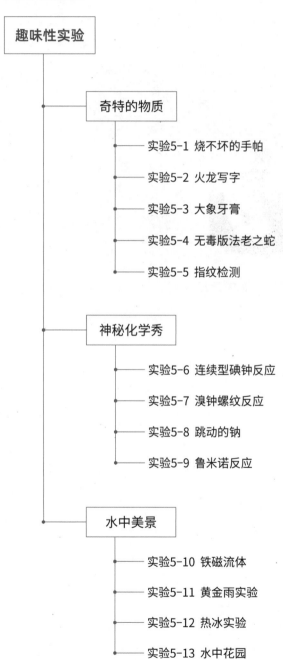

趣味性实验

奇特的物质
- 实验5-1 烧不坏的手帕
- 实验5-2 火龙写字
- 实验5-3 大象牙膏
- 实验5-4 无毒版法老之蛇
- 实验5-5 指纹检测

神秘化学秀
- 实验5-6 连续型碘钟反应
- 实验5-7 溴钟螺纹反应
- 实验5-8 跳动的钠
- 实验5-9 鲁米诺反应

水中美景
- 实验5-10 铁磁流体
- 实验5-11 黄金雨实验
- 实验5-12 热冰实验
- 实验5-13 水中花园

参考答案

第 3 章　基础性实验

3.1 物质的分离与提纯

实验 3-1　粗盐的提纯

交流研讨

1. $BaCl_2$ 溶液、NaOH 溶液、Na_2CO_3 溶液、盐酸；调换 NaOH 溶液和 Na_2CO_3 溶液的顺序也能达到同样的目的。

2. $Ba^{2+} + SO_4^{2-} = BaSO_4\downarrow$

$Mg^{2+} + 2OH^- = Mg(OH)_2\downarrow$

$Ca^{2+} + CO_3^{2-} = CaCO_3\downarrow$

$Ba^{2+} + CO_3^{2-} = BaCO_3\downarrow$

$H^+ + OH^- = H_2O$

$2H^+ + CO_3^{2-} = H_2O + CO_2\uparrow$

3. 略微过量是为了使杂质充分除去；加入盐酸是为了除去过量的 OH^- 和 CO_3^{2-}。

实验 3-2　从海带中提取碘

交流研讨

1. 灼烧海带是为了将其中各种成分转移至水溶液中；还可采用浸泡的方法提取碘。

2. 有机碘 $\xrightarrow{\text{灼烧}}$ I^- $\xrightarrow{\text{加入稀硫酸、} H_2O_2 \text{ 溶液}}$ I_2

3. 加入适量的萃取剂，同时采用多次萃取的方法。

实验 3-3　菠菜中色素的提取与分离

交流研讨

1. 滤纸：剪层析滤纸、点样等过程中尽量不用手接触样品要经过的地方；

点样：不要损伤点样处的滤纸，不要让色斑直径大于 5 mm，样品含量不能超过滤纸承载量；

展开过程：展开剂不能没过起点线，滤纸不能和试管贴在一起，展开剂前沿不能超过滤纸的最上方。

2. 从植物中提取某些成分的方法主要有超声波提取法、酶提取法、微波辅助提取法、溶剂提取法、超临界流体萃取法等，应根据植物中有效成分的存在状态、极性、溶解性等选择合适的提取方法。

实验 3-4　海水的蒸馏

交流研讨

1. 蒸发一般是指将溶液中的溶剂通过加热使其除去，剩下要得到的溶质固体。而蒸馏是利用混合液体或液-固体系中各组分沸点不同，使低沸点组分蒸发，再冷凝以分离整个组分的单元操作过程，是蒸发和冷凝两种单元操作的联合。

2. 海水淡化方法可分为两类：一类是从海水中分离出淡水的方法，如蒸馏法、反渗透法、水合物法、冰冻法、溶剂萃取法等；另一类是除去海水中盐的方法，如电渗析法、压渗析法等，实际应用较多的是蒸馏法、反渗透法和电渗析法。

3.2 物质的检验与鉴别

实验 3-5　植物体中某些元素的检验

交流研讨

本实验溶解待测物时，针对不同的待检出元素采用了不同的酸进行溶解，一是为了有针对性地加大某元素的溶解度，二是为了不破坏某些元素的离子存在形式，三是为了在其后的检验中不引入干扰离子。

实验 3-6　阿司匹林药品有效成分的检验

交流研讨

1. 检验酯基的方法是先将酯水解，再加入 $FeCl_3$ 溶液检验酚羟基。因此检验官能团不仅能直接检验，还可以先反应，再对其产物进行间接检验。

2. 阿司匹林属于解热镇痛药，可用于缓解轻度或中度疼痛（如牙痛、头痛、神经痛、肌肉酸痛），亦可用于感冒、流感等发热疾病的退热，治疗风湿痛等。此外，阿司匹林对血小板聚集有抑制作用，还可用于预防短暂脑缺血发作、心肌梗死、人工心脏瓣膜和静脉瘘或其他手术后血栓的形成。

实验 3-7 亚硝酸钠和食盐的鉴别
交流研讨
1. 测溶液的酸碱性操作简单，而且现象明显。
2.（1）

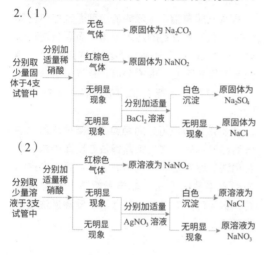

（2）

实验 3-8 利用官能团性质鉴别有机化合物
交流研讨
乙酸乙酯的沸点77.06 ℃，折光率1.3723，相对密度0.9003；乙醇的沸点78.5 ℃，折光率1.3616，相对密度0.7893，二者的检验仍然依靠气味上的区别进行，不分离不会影响检验结果。应用银氨溶液或新制 $Cu(OH)_2$ 检验葡萄糖时，淀粉不会产生干扰，应用碘水检验淀粉溶液时，葡萄糖的存在也不会有干扰，所以两种混合物都没有必要先分离后检验。

3.3 化学反应条件的控制
实验 3-9 蓝瓶子实验
交流研讨
1. 实验中步骤1和步骤2的目的是通过对比探究

溶液酸碱性对亚甲基蓝与葡萄糖反应的影响。
2. 本实验主要探究了浓度、温度以及溶液的碱性对葡萄糖还原亚甲基蓝的影响。还可以设计酸性，以及碱性的强弱，温度的高低等不同条件对该反应的影响。

实验 3-10 硫代硫酸钠与酸反应速率的影响因素
传统实验：探究硫代硫酸钠与酸反应速率的影响因素
交流研讨
1. 其他条件不变，增大反应物浓度，反应速率增大；降低反应物浓度，反应速率减小。如其他条件相同时，0.1 mol/L的盐酸与铁反应的速率明显大于0.01 mol/L的盐酸与铁反应的速率；升高温度，反应速率增大；降低温度，反应速率减小。如常温下，铜与氧气反应较慢，而加热条件下，铜与氧气迅速反应生成氧化铜。
2. 不是，因为当其他条件不变时，随着反应的进行，反应物的浓度逐渐减小，反应速率也随之减小。

数字化实验：利用浊度传感器探究硫代硫酸钠与酸反应速率的影响因素
交流研讨
通过分析浊度-时间曲线可知，当其他条件不变时，$Na_2S_2O_3$ 溶液的浓度越大，达到最大浊度所需时间越短，即增大反应物浓度，反应速率增大；降低反应物浓度，反应速率减小。当其他条件不变时，温度越高，达到最大浊度所需时间越短，即升高温度，反应速率增大；降低温度，反应速率减小。

实验 3-11 催化剂对过氧化氢分解速率的影响
传统实验：探究催化剂对过氧化氢分解速率的影响
交流研讨
1. 影响 H_2O_2 分解反应速率的因素有温度、催化剂、过氧化氢溶液的浓度。

2. 通过实验可知 MnO_2 对 H_2O_2 分解的催化效果较好。

3. 保存 H_2O_2 时要远离热源、火种，储存于阴凉通风处，并与易燃物、还原剂、活性金属粉末等分开存放，切忌混储；保持容器密封，避免震动、撞击。

4. 在生产硫酸的过程中，将 SO_2 转化成 SO_3 所使用的催化剂为钒，其具有活性高、抗毒性好、价格低廉等优点，它的使用使硫酸生产的质量、产量大大提高。在生产硝酸时，使用铂-铑网作催化剂，其具有成本低、耗能小、生产能力大等优点。

在进行化工生产的过程中，应该充分认识各种催化剂的作用，从而选择合适的催化剂，这样不仅可以增大化学反应的速率，而且还能够提高化工生产能力。

数字化实验：利用氧气传感器探究催化剂对过氧化氢分解速率的影响

交流研讨

通过分析氧气浓度-时间曲线可知，催化剂为 MnO_2 时过氧化氢分解最快，催化剂为 $FeCl_3$ 时次之，无催化剂时最慢。

实验 3-12 压强对化学平衡的影响

传统实验：探究压强对化学平衡的影响

交流研讨

1. 反应前后气体总体积没有变化的可逆反应，增大或减小压强都不能使化学平衡发生移动。

2. 因为固体或液体物质的体积受压强影响很小，所以对于只有固体或液体参加的反应，体系压强改变不会使化学平衡状态发生变化。

数字化实验：利用色度传感器探究压强对化学平衡的影响

交流研讨

$A{\rightarrow}B$ 段是将活塞迅速向下推时透射率的瞬间变化，此时因体系体积减小导致 NO_2 浓度瞬间增大；而 $B{\rightarrow}C$ 段的透射率增大，NO_2 浓度减小，说明平衡正向发生了移动；$C{\rightarrow}D$ 段表示体系在此压强下又达到一个新的平衡状态；$D{\rightarrow}E$ 段是松开活塞，体系又恢复到原来的平衡状态的反

映。$A{\rightarrow}D$ 段的数据表明：增大压强平衡向着气体体积减小的方向发生了移动。

$E{\rightarrow}F$ 段是将活塞迅速向上拉时透射率的瞬间变化，此时因体系体积增大导致 NO_2 浓度瞬间减小；而 $F{\rightarrow}G$ 段的透射率减小，NO_2 浓度增大，说明平衡逆向发生了移动；$G{\rightarrow}H$ 段表示体系在此压强下又达到一个新的平衡状态；$H{\rightarrow}J$ 段是松开活塞，体系又恢复到原来的平衡状态的反映。$E{\rightarrow}H$ 段的数据表明：减小压强平衡向着气体体积增大的方向发生了移动。

3.4 电化学问题研究

实验 3-13 铜锌原电池

传统实验：探秘铜锌原电池

交流研讨

1. 盐桥在原电池中的作用：①使整个装置构成通路，代替两溶液直接接触。②平衡电荷。

2. 略（详见书上的微件）。

数字化实验：利用传感器探秘铜锌原电池

交流研讨

1. 单液铜锌原电池：电流曲线在短时间内迅速下降，电流减小快，即电流稳定性差；温度曲线呈上升趋势，该原电池能量的转化方式是化学能转化为电能和热能，能量转化效率低。

双液铜锌原电池：电流曲线基本保持水平，电流大小恒定，即电流稳定性好；温度曲线基本保持水平，该原电池主要将化学能转化为电能，能量转化效率高。

双液铜锌原电池的优点：电流稳定性较好，能量转化效率更高。

2. 单液铜锌原电池中电流衰减的原因：①反应生成的铜覆盖在 Zn 棒表面，阻止反应的进行。②随着反应进行，锌片不断溶解，周围 Zn^{2+} 增多，负极锌棒周围的溶液带正电荷，阻止锌失去电子变成 Zn^{2+} 进入溶液；在正极铜片上，Cu^{2+} 获得电子沉积为铜，使铜电极周围的溶液中 Cu^{2+} 过少，SO_4^{2-} 过多，铜片周围的溶液带负电荷，阻止 Cu^{2+} 得到电子。

单液铜锌原电池中温度升高的原因：反应放

热，溶液吸收反应放出的热量，导致溶液温度升高。

实验 3-14 干电池模拟实验

交流研讨

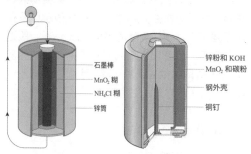

（a）普通锌锰干电池　（b）碱性锌锰干电池

普通锌锰干电池与碱性锌锰干电池结构比较

普通锌锰干电池制作简单、价格便宜，但存在放电时间短、放电后电压下降较快等缺点。碱性锌锰干电池比普通锌锰干电池性能优越，它的能量大，能提供较大电流并连续放电。

实验 3-15 电解饱和食盐水

传统实验：电解饱和食盐水

交流研讨

1. 略（详见书上的微件）。

2. 在饱和食盐水中滴加酚酞溶液的目的是便于观察阴极产物。

3. 如果不除去 Ca^{2+} 和 Mg^{2+} 等杂质离子，阴极产生的 OH^- 与 Ca^{2+} 和 Mg^{2+} 等离子结合生成 $Ca(OH)_2$、$Mg(OH)_2$ 沉淀而增加电耗，缩短电极寿命，同时可能堵塞离子交换膜。

绿色实验：电解饱和食盐水

交流研讨

1. ①取材生活化，制作工艺简单，小巧便携，操作简便，反应速度快，现象明显，便于观察。②实现制气、储气、验气、尾气处理集于一体。利用阴极室产物 NaOH 溶液来吸收阳极室的氯气，无需外加尾气吸收装置，氯气的检验与处理均在密闭的环境中完成，安全环保。③实现了电解饱和食盐水与氢氯燃料电池实验的一体化，突出了电解池与原电池之间的密切联系，直观地展现了电能与化学能之间的相互

转化。

2. 略（详见该实验的实验原理）。

实验 3-16 阿伏加德罗常数的测定

交流研讨

误差产生的原因：称量的阴极铜片质量不准确、阳极铜片不纯、记录的时间不够准确等。

3.5 物质含量的测定

实验 3-17 食醋总酸量的测定

传统实验：酸碱滴定法测定食醋的总酸量

交流研讨

1. 因为 $CO_2 + H_2O \rightleftharpoons H_2CO_3$，如果不煮沸驱赶，$H_2CO_3$ 会消耗一定量的 NaOH 溶液，造成实验结果偏大。

2. 食醋标签上所注总酸量均大于实际含量，故只讨论低于标签所注的原因。不一致可能的原因有：食醋稀释时体积控制不当，实际稀释倍数大于理论稀释倍数；试样量取体积偏小；滴定终点颜色不足30 s后褪去；滴定结束后在碱式滴定管的尖嘴处有气泡等。

3. 不宜使用指示剂酸碱滴定法测定时，可使用pH滴定法进行测定。

实验 3-18 果蔬中维生素C含量的测定

传统实验：氧化还原滴定法测定果蔬中维生素C的含量

交流研讨

1. 可以，基于碘单质对维生素C的氧化能力，以淀粉作指示剂，用碘标准溶液滴定含维生素C的样液，根据消耗碘的量计算维生素C含量。

2. 测定维生素C含量的方法还有荧光法、紫外-可见分光光度法、高效液相色谱法、钼蓝比色法等。

实验 3-19 比色法测定抗贫血药物中铁的含量

交流研讨

1. 抗贫血药物中的铁元素主要以 Fe^{2+} 的形式存在，但本实验通过 Fe^{3+} 的显色反应检测 Fe^{3+}，

所以要利用硝酸的氧化性将 Fe^{2+} 氧化为 Fe^{3+}。

2. 量取 HNO_3、KSCN 溶液和 CH_3COOH-CH_3COONa 溶液不必使用滴定管，使用量筒或胶头滴管即可。因为标准溶液的浓度直接影响实验的结论，HNO_3 和 CH_3COOH-CH_3COONa 缓冲溶液只是辅助试剂，所以不必很精确。KSCN 溶液的物质的量浓度对本实验的结果也存在一定影响，但由于本实验精确性的限制，KSCN 溶液的浓度变化可以忽略不计，所以也不必使用滴定管。

实验 3-20 分光光度法测定菠菜中铁元素的含量

交流研讨

1. 不同溶液的吸光能力不同，为了减小仪器误差，测得的吸光度值最好在 0.2 ~ 0.8 范围内，再根据吸光度的大小来配制一定浓度的标准溶液。

2. 可以，用分光光度传感器测硫酸铜标准溶液的吸光度，绘制出标准曲线，再测硫酸铜晶体配制的样品溶液的吸光度，即可计算出样品溶液的浓度，进而计算硫酸铜结晶水的含量。

3.6 物质的制备

实验 3-21 硫酸亚铁铵的制备

交流研讨

1. 要使 $FeSO_4$ 和 $(NH_4)_2SO_4$ 之间的物质的量相等，关键之一是铁屑的称量要准确，因此两次称量铁屑的质量时要充分干燥，保证 $m_1(Fe)$ 和 $m_2(Fe)$ 准确；另外在过滤 $FeSO_4$ 时要趁热过滤，否则 $FeSO_4$ 在过滤时会析出，使得到的硫酸亚铁减少。而硫酸铵的质量是根据 $m_1(Fe)$-$m_2(Fe)$ 计算得出的，如果 $FeSO_4$ 损失会使 $(NH_4)_2SO_4$ 的物质的量偏大。

2. 制备硫酸亚铁铵时，不能浓缩至干，因为这样会使制得的莫尔盐失水。

3. 若要加快过滤速度，可将溶液静置，使沉淀沉降，再小心地将上层清液引入漏斗，最后将沉淀部分倒入漏斗过滤。加快过滤的另一种方法是抽滤（或减压过滤），利用压强差来加快

过滤速度。

4. $FeSO_4$ 溶液在空气中容易变质，在操作时要注意：制取 $FeSO_4$ 时要保证铁屑多一点；所用硫酸的浓度不可过高；过滤后向 $FeSO_4$ 溶液中加几滴硫酸，调节 pH 取值范围为 1~2，因为在酸性条件下，Fe^{2+} 相对稳定；过滤要迅速，使 $FeSO_4$ 溶液在空气中的时间尽可能短；浓缩结晶时温度不宜高。这些措施都可以减少 $FeSO_4$ 溶液被氧化的机会。

实验 3-22 氨氧化法制硝酸

思考与讨论

1. 以氨气为原料制备硝酸的反应原理是：

$$4NH_3 + 5O_2 \xrightarrow[\triangle]{催化剂} 4NO + 6H_2O$$

$$2NO + O_2 =\!=\!= 2NO_2$$

$$3NO_2 + H_2O =\!=\!= 2HNO_3 + NO$$

2. 氨气可以从氨水中获得，氧气可以直接用空气代替，这样更方便快捷。

3. 在氨氧化的过程中，氨气不能全部被氧化；未被氧化的氨气可以通入无水氯化钙除去。

4. 在制备硝酸的过程中会生成有毒的气体 NO 和 NO_2，可以用 NaOH 溶液进行吸收处理。

5. 制备硝酸的流程图：

制备硝酸的装置图：见图 3.63。

交流研讨

1. 装置中无水氯化钙的作用是除去水蒸气和未被氧化的氨气。

2. 装置中紫色石蕊溶液的作用是吸收 NO_2 并检验是否有硝酸生成。

3. 检查装置气密性的方法为：在试剂瓶 A、D、E、F 中均加入少量水（保证没过导气管），用气唧从试剂瓶 A 向装置中鼓气，试剂瓶中的导管口均有气泡冒出，说明装置气密性良好。

4. 二氧化氮与水的反应为可逆反应，所以生成的 NO_2 不能全部被水吸收。影响水吸收 NO_2 的因素可能有温度和压强。

5. 氨水的浓度和鼓气速度会影响通入的氨气的量。

6. 实验室制硝酸时，选择氨水做原料，是因为氨水比氨气更稳定，易保存，使用时加入生石灰即可快速产生氨气。氨气是工业上生产硝酸的重要原料，在一定条件下可直接与氧气反应生成一氧化氮，非常方便，一氧化氮与氧气反应生成二氧化氮，二氧化氮被水吸收生成硝酸和一氧化氮。

7. 区别：实验以研究为主要目的，为工业生产提供理论依据及生产条件参数等。而工业生产一般都是以实验数据为设计依据而进行的规模化生产。

联系：实验室要为工业化提供必要的设计依据及生产参数，要解决工业生产中遇到的相关的问题；而工业生产的基础是实验数据，离开了实验数据，工业生产就不知道在生产什么了。

实验 3-23 肥皂的制备

交流研讨

答案略。

实验 3-24 乙酸乙酯的制备及反应条件探究

思考与讨论

1. 乙酸和乙醇反应生成乙酸乙酯：

$$CH_3COOH + CH_3CH_2OH \underset{\triangle}{\overset{浓硫酸}{\rightleftharpoons}} CH_3COOCH_2CH_3 + H_2O$$

副反应：

$$CH_3CH_2OH \xrightarrow[170℃]{浓硫酸} CH_2 \!=\!\!=\! CH_2 \uparrow + H_2O$$

$$2CH_3CH_2OH \xrightarrow[140℃]{浓硫酸} CH_3CH_2OCH_2CH_3 + H_2O$$

2. 欲提高生成乙酸乙酯反应的限度、提高乙酸的转化率，可以采取的措施有：增加乙醇的用量，使化学平衡向正反应方向移动，可以提高乙酸的利用率；增加浓硫酸的用量，利用浓硫酸吸水使化学平衡向正反应方向移动；加热将生成的乙酸乙酯及时蒸出，通过减少生成物的浓度使化学平衡向正反应方向移动。

3. 优点：装置简单、操作方便。

缺点：原料利用率低、冷凝不充分不利于收集产物、产物中杂质较多。

改进方法：增加回流装置，提高原料利用率；将长导管改为冷凝管，提高冷凝效率；增加除杂的步骤。

交流研讨

1. 物质的量相等的乙酸和乙醇，不能全部转化为乙酸乙酯，因为乙酸和乙醇的酯化反应是可逆反应，当反应达到平衡后、各组分的浓度保持不变，不改变影响化学平衡的条件，乙酸乙酯的含量不会增加。

2. 实验中浓硫酸除作催化剂外，还作吸水剂。

3. 饱和 Na_2CO_3 溶液的作用：溶解乙醇、吸收乙酸、降低乙酸乙酯的溶解度。不能用 $NaOH$ 溶液代替 Na_2CO_3 溶液，因为在强碱性条件下，乙酸乙酯会发生水解反应。

第 4 章 研究性实验

4.1 物质性质的研究

实验 4-1 纯净物与混合物性质的比较

交流研讨

1. 物质的性质与其组成成分和混合状态有关。例如硫酸浓度不同沸点不同，冰盐混合时混合均匀可获得较低温度，合金性质与组分金属的差异等。

2. 结论：水溶液的凝固点比水低。

3. 甘油水溶液作汽车防冻液、氯化钠作融雪剂、冰盐水作制冷剂应用的都是混合物凝固点降低的性质。

4. 合金与纯金属的性质差异是由它们的结构决定的。在纯金属中，所有的原子大小相同，排列比较整齐。而形成合金后，加入了较大或较小的其他元素的原子，改变了金属中规则的层状排列，层与层之间的滑动变得困难，所以合金常比组成合金的纯金属硬度更大。

固体的熔点与原子排列是否整齐有关。合金中原子的大小不一，与纯金属相比，排列整齐程度下降，使得原子之间的相互作用力减小。所以，多数合金的熔点一般比其组成金属的熔点低。

实验4-2 金属镁、铝、锌化学性质的探究
交流研讨

镁仅与酸反应，不与碱反应；铝与酸、强碱反应，不与弱碱反应；锌与酸、碱（NaOH溶液、氨水）都反应。

实验4-3 探究苯酚的化学性质

传统实验：探究苯酚的化学性质

交流研讨

1. 将溴水滴加到苯酚溶液中，生成的三溴苯酚可溶于苯酚中，有沉淀生成后振荡试管，发现沉淀减少或消失了；但苯酚溶液滴加到溴水中，生成的三溴苯酚不溶于水，有沉淀生成后振荡试管，发现沉淀没有减少。所以为观察到白色沉淀的生成，可加入过量溴水或用稀苯酚溶液进行实验。

2. 苯酚的性质：弱酸性、与溴水反应生成白色沉淀、与 Fe^{3+} 反应显紫色。

苯不与溴水反应，但在催化剂条件下与液溴发生取代反应，苯酚与溴水可以发生取代反应，这是因为苯酚中的羟基对苯环产生影响，使苯环中位于羟基邻、对位上的氢原子较易被取代；乙醇不与 NaOH 溶液反应，但苯酚可以与 NaOH 溶液反应，因为苯环对羟基产生影响，使酚羟基中的氢原子比醇羟基中的氢原子更活泼。

3. 检验废水中是否含有苯酚的方法：

方法一：取少量废水于试管中，滴加 $FeCl_3$ 溶液，如果溶液变成紫色，说明废水中含有苯酚。

方法二：取少量废水于试管中，滴加浓溴水，如果产生白色沉淀，说明废水中含有苯酚。

4. 比较盐酸、碳酸、苯酚酸性强弱的方法：

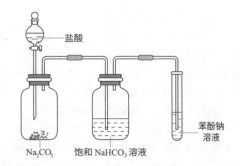

盐酸

Na$_2$CO$_3$ 饱和 NaHCO$_3$ 溶液

苯酚钠溶液

数字化实验：利用电导率传感器探究苯酚的化学性质

交流研讨

1. 溶液的电导率表征溶液的导电性，电导率越大表示溶液导电性越强。从四组电导率数据可知四种溶液的酸性强弱顺序为：盐酸 > 醋酸 > 苯酚 > 乙醇。

2. 影响醋酸、苯酚、乙醇三者中—OH 性质的因素：与—OH 相连的基团影响—OH 的性质。

3. 蒸馏水和苯酚溶液中分别滴加相同滴数的浓溴水。蒸馏水的电导率从0变化到72左右，而苯酚溶液电导率从20左右变化到115左右，说明后者导电性增加幅度大一些。从而排除了浓溴水中自带的 H^+ 干扰，说明苯酚和溴水之间发生的化学反应中生成了可溶性的电解质。从而得出苯酚和浓溴水发生化学反应的原理是取代反应，而不是加成反应。

4.2 身边化学问题的探究

实验4-4 含氯消毒液性质、作用的探究
交流研讨

1. 略。

2. 完成本实验后，可以进一步研究消毒剂大量使用对水、土壤的污染，对生物的影响（三致：致癌、致畸、致基因突变），经常性长期使用消毒剂对人体免疫系统的影响等等。

实验4-5 饮料性质的研究
交流研讨

1. 研究结果与产品说明中的标注如不一致，原

因一般可分为以下三个方面：

①实验测定的误差，包括饮料体积量取不准确、露置于空气中时间过长、滴定终点判断不准确、滴定过程中剧烈摇动、体积读数不准确、标准液配制及标定不准确等；

②产品生产、储运、放置过程中的损耗；

③产品不符合标准。

2. 对生活中常用物质、食品的化学成分、性质、营养元素、功能等有更多关注，可以应用所学的知识用较简单的方法解决身边的化学问题。

实验 4-6 探究膨松剂的作用原理

交流研讨

1. $NaHCO_3$ 受热分解以及 $NaHCO_3$ 与酸反应，都能产生 CO_2 气体，所以两种方法均能使面团膨松。由于相同质量的 $NaHCO_3$ 与酸反应放出的 CO_2 气体比受热分解产生的 CO_2 气体多，所以直接在面团中加入 $NaHCO_3$ 和醋酸蒸出的馒头更膨松。

2. 不能，碳酸钠受热不易分解，若面团没有发酵，不能生成乳酸等，因此不能产生 CO_2 气体，无法使面团膨松。